Frente Al Diseño Inteligente

Mario A. López
Felipe Aizpún Viñes
Cristian Aguirre del Pino

Organización Internacional para el Avance Científico del Diseño Inteligente © 2011.

Charles Darwin Frente Al Diseño Inteligente

Mario A. López
Felipe Aizpún Viñes
Cristian Aguirre del Pino

Copyright (Derechos de Reproducción) Agosto 25, 2011 ©
Organización Internacional para el Avance Científico del Diseño Inteligente

ISBN-13: 978-0615531588 (OIACDI)
ISBN-10: 061553158X

Fecha de publicación: Agosto 25, 2011
Filosofía de Ciencia, Evolución

Diseño de portada/interior: Mario A. Lopez

Impreso y encuadernado en Estados Unidos de América.

OIACDI
www.oiacdi.org

Índice

Prólogo

Hasta hace pocos años el Diseño Inteligente era conocido como un movimiento científico de factura netamente norteamericana principalmente porque sus principales teóricos gestaron sus germinales propuestas en la histórica reunión de Pajaro Dunes, California, EEUU en el año 1993.

Años antes, también en los EEUU, fueron publicados varios libros contestatarios con el paradigma evolutivo dominante. No obstante, no se articuló una propuesta matemática que sustentara porque la naturaleza no puede explicar todos los hechos del proceso evolutivo de modo natural hasta los trabajos realizados por el bioquímico Michael Behe, el matemático William Dembski, el filósofo de la ciencia Stephen Meyer y otros investigadores en la década de los 90.

Sin embargo, el público de habla hispana, como otros públicos de idiomas diferentes del inglés, no pudieron conocer estas propuestas en su propio idioma. Y ello por dos razones fundamentales: primero porque las escasas traducciones de los libros de sus principales teóricos han tardado alrededor de 10 años en aparecer traducidas al español y segundo porque en los años de su nacimiento, Internet no era aún el prodigioso recurso de obtención de información que es hoy.

Por ello gran parte de la investigación desarrollada por los teóricos del Diseño Inteligente no llegaron al público hispano hablante y si algo llegó fue de manera muy fragmentaria y tardía.

Vista esta situación, Mario Lopez, el fundador y presidente de la Organización Internacional para el Avance Científico del Diseño Inteligente (OIACDI) junto a Eduardo Arroyo, Carlos Montes y otros decidieron reducir este déficit de material escrito en español sobre el DI, traduciendo diversas monografías esenciales de este nuevo paradigma al público hispanoamericano que vieron la luz en el año 2006 en la web titulada: "Ciencia Alternativa".

Más adelante, a inicios de 2009, cuando el esfuerzo materializado en la website se constituye en organización, la website se reformula y cambia de nombre conociéndose ahora como OIACDI además de presentar un renovado diseño. Es en este año que, quien escribe, entra en contacto con Mario Lopez y pasa a formar parte de la misma. Poco después se une a sus filas Felipe Aizpún, el cual con su profundo conocimiento del tema y gran productividad, llevaron a incorporarlo como nuestro Director Editorial. Fue precisamente idea suya la materialización de un blog que permitiera una exposición dinámica de las propuestas del DI al público hispanoamericano aportando una bidireccionalidad que permita a los lectores la capacidad de poder expresar tanto su visión favorable como desfavorable a la misma. De este modo nació el blog "Darwin o DI" del cual esta obra nutre sus páginas.

Sin embargo, no crea el lector, que el esfuerzo de la OIACDI es solo servir de traductor y comunicador de la investigación de sus proponentes norteamericanos. Realmente la organización pretende, y este libro da testimonio de ello, realizar una investigación propia en español. De este modo muchos de los conceptos e ideas que el lector encontrará en estas páginas son desconocidos e inéditos para los lectores de habla inglesa y también esperan su oportunidad de publicarse en ingles para así retroalimentar al conjunto común de los aportes teóricos y el discurso del DI.

En resumen el presente libro ofrece al lector la oportunidad de conocer, no solo la investigación realizada por el DI desde una perspectiva realmente internacional, sino también abundante información e investigación inédita sobre este emergente nuevo paradigma.

Cristian Aguirre del Pino
Vicepresidente - OIACDI

Introducción

En el mundo de la ciencia sólo hay método. No hay ninguna cosa tal como el materialismo o cualquier otro tipo de construcción ideológica. Es decir, la ciencia lleva su progreso agnóstico sin compromisos filosóficos. Deje que la evidencia hable por sí misma, ¿cierto? Bueno, no exactamente. La ciencia generalmente está impulsada por una cosmovisión que a menudo dicta cómo los científicos realizan sus experimentos. Los científicos se suscriben a los "consensos" de un campo determinado y generalmente no insisten en un cambio de paradigma que pueda prometer revolucionar la ciencia. De hecho, el cambio es resistido y comúnmente desalentado.

El diseño inteligente puede ser buena ciencia, pero la comunidad científica lo rechaza como tal por razones puramente filosóficas. Tomemos, por ejemplo, la multitud de científicos que han perdido posiciones académicas por simplemente estar en desacuerdo con el "consenso" o la teoría conocida como Síntesis Moderna. En este marco, las mutaciones aleatorias y la selección natural se dan el estatus de un mecanismo de ingeniería literal. Las máquinas moleculares tales como abrazaderas, poleas, los motores rotativos bidireccionales y la información se generan para su funcionamiento a través de un proceso ciego y casual. ¿Acaso esto no suena más como una maravilla de ingeniería de origen inteligente?

Esto me recuerda a los avances científicos que han sido hechos apelando al diseño por un agente inteligente. Tal fue el caso de las regiones no codificantes de ADN (los intrones y otras zonas intergénicas) cuyas propiedades asombrosas han desafiado la designación equivocada de "ADN basura" que originalmente fue atribuida a ellos por aquellos que se adhieren al paradigma reinante de Darwin. Aparentemente la información latente, en un sentido verdaderamente semántico (es decir, significativo), podría sólo haber sido descubierto en el contexto del diseño intencional. Es decir, sólo el diseño premeditado (no aparente) puede suponer las propiedades encontradas dentro de ella. Por otra parte, la información de Shannon (contingente) no podría decirnos nada acerca de las propiedades prescriptivas inherentes en los genes. Es este contenido imprescindible lo que les reveló a los científicos que determinados mecanismos dependían del mismo. ¿De qué otra manera podrían los científicos hacer la correlación entre los intrones y la función que llevan a cabo? ¿Será el diseño inteligente un enfoque más heurísticamente fructífero para la ciencia?

Está claro que hay más de una forma de mirar al mundo que nos rodea. ¿Es el mundo un producto de diseño intencional, o es simplemente un subproducto de procesos naturales? Hay una realidad que trasciende nuestros compromisos filosóficos, entonces ¿cuál es? ¿Realmente importa lo que creemos si los hechos no están a nuestro alcance? Si, en definitiva, se diseñó el universo, los científicos no van a cambiar ese hecho por sus obstinadas predisposiciones a negarlo. Esto, por supuesto, puede ser cierto para quienes insisten en el diseño inteligente, si el diseño es una gran ilusión cósmica.

Durante los años, los científicos han aprendido que conclusiones aparentemente sólidas pueden estar equivocadas y que los avances científicos revelaran una realidad más segura, no objetiva, pero una que está obligada a cambiar. Sin duda, parece que hay un anarquismo epistemológico que se refleja a lo largo nuestra historia del conocimiento. Entonces, ¿por qué es el darwinismo un fenómeno tan arraigado en nuestra cultura científica? La respuesta es obvia. No es ciencia lo que se ha establecido, es un compromiso ideológico previo. Siempre que la ciencia se niegue a reconocer otras maneras de mirar el mundo, otras perspectivas de cómo hacer ciencia, es el momento de preguntarse por qué esto es así.

Los científicos del pasado como Newton, y los actuales proponentes del DI, han mirado al universo apelando al diseño intencional. Sus sospechas de diseño en el universo no están sin razón. Los científicos a menudo vienen a sus conclusiones por la introspección y sabiendo cómo sus propias mentes afectan al mundo natural. Si es cierto que la naturaleza aparece diseñada, entonces ¿por qué no utilizar principios de diseño para extraer de la naturaleza sus maravillas de ingeniería?

Aquí hay dos hipótesis concurrentes:

1) Un mundo que provino de diseño intencional.
2) Un mundo sin diseño.

No siempre es evidente sobre qué es el debate. Tampoco es útil poner a la ciencia en un callejón sin salida distorsionando el lenguaje en términos metafísicos como: *ciencia contra la religión*. La cuestión no es sobre quién es el agente inteligente implicado en el origen del universo y los seres vivos, la cuestión es sobre si el diseño, una propiedad totalmente empírica y detectable, ha sido realizado en la naturaleza por una fuente inteligente o es una apariencia producto de mecanismos puramente naturales. Diseño intencional contra diseño aparente. Dos paradigmas en contradicción con una realidad por la cual contender. Este libro pretende aclarar el camino de este discurso tan controvertible.

Mario A. Lopez
Presidente - OIACDI

Capítulo I

DARWIN FRENTE AL DI

Mario A. López

Sin repudiar al entendimiento general sobre lo que es, el término "evolución" es muy amplio[1]. Aunque existe una extensa gama de literatura popular sobre este tema desde varias perspectivas, en su mayor parte, se pretende convencer al público para aceptar las implicaciones filosóficas que poco tienen que ver con la ciencia. Aún así, para anotar (y antes que los lectores rechinen sus hachas), permítanme comenzar afirmando que la evolución es un hecho de la naturaleza. No hay nada polémico en decir eso en el contexto adecuado. Ahora, ya que las observaciones siempre tienen prioridad sobre las teorías, voy a hacer algunas declaraciones de carácter general acerca de las observaciones que habitualmente hacen a la evolución un tema tan controvertible. Permítanme aclarar; en su designación menos controvertida la "evolución" puede definirse simplemente como cambio a lo largo del tiempo. Obviamente, nadie negará que haya cambio durante el tiempo ya que es un hecho observable que es medible incluso dentro de una generación. Sin embargo, ¿puede el cambio en una especie explicar el origen de un organismo totalmente nuevo?

---

[1] Vean por ejemplo el articulo *Los Significados de Evolución* por Stephen C. Meyer y Michael Newton Keas
(http://www.oiacdi.org/articulos/Significados_Evolucion.pdf)

La máquina del cambio biológico se compone de un conglomerado de datos reales y de diversos campos. Estos son los hechos de la evolución. Los mecanismos pueden variar de mutaciones, deriva genética, la transferencia de genes horizontal, poliploidía, especiación, selección y herencia (por nombrar algunos)[2]. Por supuesto, todos se dicen que contribuyen a los cambios ventajosos producidos para las generaciones venideras. Los cambios graduales pasan nuevos rasgos por lo que las especies se bifurcaran generación tras generación; y componen el tapiz de toda la vida. El mosaico de procesos, generalmente reconocido por afectar el cambio evolutivo micro, se extrapola para explicar todas las nuevas formas morfológicas (es decir, cambio evolutivo macro). Según es la historia.

Como se ha señalado, muchos mecanismos conocidos contribuyen al cambio, y aunque el más ampliamente aceptado es el de la Síntesis Moderna (es decir, la acumulación gradual de mutaciones aleatorias junto con la selección natural), no es el único. En oposición a un cambio gradual, es la idea que importantes cambios morfológicos pueden ocurrir en saltaciones, o en brincos de una generación a la siguiente. Aunque este punto de vista ha sido descartado (en su mayor parte), todavía puede tener algún mérito como se ve, por ejemplo, en las ideas de Carl Woese. Labores recientes en epigenética también parecen dar a entender que la herencia Lamarquiana (es decir, la herencia por características adquiridos o herencia suave) puede tener cierta validez. La nueva "síntesis evolutiva ampliada" promete retirar la centralidad de la genética de poblaciones del paradigma actual de Darwin, que puede abrir la puerta a varias nuevas formas de explicar anomalías naturales. Hasta este punto, nada aparece demasiado debatible.

Ahora seguiré con la parte donde la evolución se convierte en un tema candente: Cuando nos fijamos en la diversidad de la vida, se observa que los cambios en las frecuencias de gen no parecen

---

[2] Puede encontrar una lista más completa del biólogo de Cornell, Allen MacNeill aquí: http://evolutionlist.blogspot.com/2007/10/rm-ns-creationist-and-id-strawman.html

explicar las distancias morfológicas entre las especies dispares, pasado y presente. Lo que es más, la estasis morfológica parece ser la tendencia predominante de la biológica. Como acertadamente ha admitido Massimo Pigliucci, "algunos patrones de la macro-evolución son difíciles para llevar en cuenta por simple extrapolación micro-evolutiva."[3]

No miren al pasado, el registro fósil no es ningún amigo del proceso darwiniano y no importa cuántos otros procesos se apilan en los archivos de cambio evolutivo, ninguno han reunido las exigencias necesarias para explicar los nuevos planes corporales. Esto no es ninguna exageración; una vista a los fósiles Cámbricos debería ser suficiente para silenciar a alguien que dice lo contrario, y cualquiera que apele a la incompletitud del registro fósil debe estar insensiblemente confundiendo el número de fósiles descubiertos con el patrón que constantemente revela[4].

La similitud en los genes tanto como en las estructuras corporales no significa necesariamente que las especies se encuentran de alguna manera interconectadas por un ancestro común[5]. De hecho, similitudes entre especies dispares a menudo se clasifican como convergentes cuando otros factores no implican divergencia. En otra forma de pensar se puede decir que las estructuras similares solo demuestran ser el producto de alguna agencia y con la intención de implementar un designio común. Esto es algo que no se define por las autoridades del establecimiento científico, sino por los datos que afirman un resultado indiscutible. ¿Pero cuál es la mejor explicación?

---

[3] Un comentario que hizo Pigliucci en respecto a una crítica de Jerry Coyne aquí: http://rationallyspeaking.blogspot.com/2009/02/jerry-coyne-and-extended-evolutionary.html

[4] Este punto fue elaborado por Stephen J. Gould en su obra *Punctuated Equilibrium* pag. 31

[5] *Convergent sequence evolution between echolocating bats and dolphins* (http://www.cell.com/current-biology/retrieve/pii/S0960982209020739)

El tema sobre la evolución no tiene que ser controvertido. Admito que sus mecanismos tienen gran poder explicativo. Sin embargo, si el alcance de la evolución ha demostrado ser deficiente, ¿por qué es un problema? ¿Estamos interesados en la ciencia o filosofía? ¿Cuáles son las implicaciones de admitir que todavía no hemos encontrado un mecanismo adecuado? Te diré. El núcleo del cambio evolutivo debe ser gradual si va a liberar a la biología de la "apariencia de haber sido diseñada para un propósito." Darwin hizo este punto explícitamente claro:

> "¿Por qué la Naturaleza no ha dado un salto brusco de conformación a conformación? Según la teoría de la selección natural, podemos comprender claramente por qué no lo hace, pues la selección natural obra solamente aprovechando de pequeñas variaciones sucesivas; no puede dar nunca un gran salto brusco, sino que tiene que adelantar por pasos pequeños y seguros, aunque sean lentos."

Charles Darwin, *El Origen de las Especies*

Una abrupta aparición de una estructura totalmente desarrollada implicaría alguna previsión y la selección natural no tendría ningún papel que desempeñar en la promoción de novedades biológicas. La evolución es hecho y ficción. Es un hecho que cambian todos los seres vivos, pero es mera ficción asumir que el cambio incesante trae nuevas formas de vida sobre la tierra. No hay nada en su panoplia de mecanismos que lo ha demostrado ser verdad.

El Curioso Caso de los "Big Bangs" Biológicos

En la literatura científica, el decir que Big Bangs ocurrieron en la historia de la vida no necesariamente quiere decir que no hubo un trayecto evolutivo, sino que los eventos de cambio sucesivos transcurrieron en un corto tiempo geológico según el registro fósil. La autoridad científica siempre proviene de los datos de los hechos que se desarrollaron en la historia, y consecuentemente el registro fósil nos cuenta una historia completamente diferente de la historia que

Darwin elaboró en su obra, *El Origen de las Especies*. Stephen J. Gould explica:

> *"La historia de la mayoría de las especies fósil incluye dos características particularmente incompatibles con el gradualismo: 1. Estasis. La mayoría de las especies no exhiben ningún cambio direccional durante su tenencia en la tierra. Aparecen en el registro fósil característicamente igual que cuando desaparecen; cambios morfológicos son limitados y sin dirección. 2. Aparición repentina. En cualquier área local, una especie no se plantea gradualmente por la constante transformación de sus antepasados; parece toda a una sola vez y 'plenamente formada'."*

Stephen J. Gould, *El Paso Errático de la Evolución*,
Historia Natural

Estos cambios, que no solo se ven en las categorías taxonómicas superiores, se dicen ser "abruptos" por la inmensa complejidad morfológica que se exhibe de una generación a otra, o en el caso del registro fósil, de una etapa sedimentaria a otra. No obstante, el gradualismo persiste como el mecanismo favorecido por los "elite" del paradigma neo-darwiniano.

Según Charles Darwin, las especies deben de demostrar una acumulación de complejidad gradual:

> *"Es, sin duda, extremadamente difícil aun como conjetura de que gradaciones fueron perfeccionadas muchas estructuras, más todavía entre rotos y fallos grupos de seres orgánicos; pero vemos tantas gradaciones extrañas en la naturaleza, como es proclamado por el canon, 'Natura non facit saltum,' que deberíamos ser extremadamente prudente al decir que cualquier órgano o instinto o cualquier ser entero, no podría haber llegado a su estado actual por muchos pasos aforados."*

Charles Darwin, *El Origen de las Especies*

Antes de Darwin, e incluso hasta mucho después de la formulación de la Síntesis Moderna (1936-1947), el saltacionismo biológico sigue como una reliquia en la ciencia que no se ha podido abandonar por completo. Aun, la Síntesis Moderna pretende superar la aparente disparidad biológica del registro fósil con la de la variación en poblaciones a nivel local. ¿Pero acaso la evidencia a favor del gradualismo no se ha confirmado como la mejor explicación de las innovaciones biológicas en la historia de la vida? ¿Por qué no se abandona el saltacionismo por completo? Veamos.

Como ya había comentado anteriormente; el microbiólogo estadounidense Carl Woese propuso que la ausencia de la firma continúa del ARN entre dominios de bacterias, arqueas y eukarya constituye una indicación principal que los tres linajes primarios se materializaron a través de una o más saltaciones evolutivas de algún estado ancestral universal que implicó un cambio dramático en la organización celular. Tanto como la tal explosión Cámbrica (o Big Bang biológico), los científicos están descubriendo a través de sus investigaciones mas evidencia que respalda la idea de que la vida no se formó de una manera gradual, sino de una manera abrupta. Ahora los genes[6], los virus[7], los paracitos[8], aves terciarias[9], las plantas de flor[10], los murciélagos[11], los humanos[12], y hasta el lenguaje[13] se dicen

---

[6] *Origin of genes: "Big Bang" or continuous creation?*
(http://www.pnas.org/content/89/20/9489.full.pdf+html)
[7] *The Big Bang of picorna-like virus evolution antedates the radiation of eukaryotic supergoups*
(http://www.nature.com/nrmicro/journal/v6/n12/full/nrmicro2030.html)
[8] *Big Bang in the Evolution of Extant Malaria Parasites*
(http://mbe.oxfordjournals.org/content/25/10/2233.full.pdf+html)
[9] *Big Bang for tertiary birds?*
(http://webh01.ua.ac.be/funmorph/raoul/macroevolutie/Feduccia2003a.pdf)
[10] *UF Botanists: Flowering plants evolved very quickly into five groups*
(http://www.clas.ufl.edu/events/news/articles/20071128-flowering-plants.html)

pasar por una evolución tan abrupta que derrumbe indiscutiblemente los pilares que sostienen al edificio darwiniano, es decir, el gradualismo.

Pero esto no es un fenómeno nuevo o recientemente descubierto. En los tiempos de Darwin, casi todos los evolucionistas, incluyendo a Karl Ernst von Baer, Richard Owen, Georges Cuvier, y William Bateson entre otros, sostenían la posición saltacionista.

¿Pero por qué tanta inquietud sobre el mecanismo evolutivo gradual? ¿Por qué es tan importante que el gradualismo sea verdad? Darwin nos pone esto a luz en lo siguiente:

> *"En plantas monstruosas, recibimos a menudo pruebas directas de la posibilidad de un órgano que se transforma en otro; y realmente podemos ver en crustáceos embrionarios y en muchos otros animales y flores, que órganos, cuya madurez se forma muy diferente, se encuentran en una etapa temprana del crecimiento exactamente igual.*
>
> *¡Qué inexplicables son estos hechos en la cosmovisión común de la creación!"* [Énfasis mío]

> Charles Darwin, *El Origen de las Especies*

Darwin descartó toda la evidencia a favor del saltacionismo y adoptó al gradualismo por su propia cosmovisión contra-teleológica, o quizá disteleologica. Darwin no podría imaginarse como reconciliar los patrones de la vida con la idea de una creación que demostraba alguna similitud evolutiva. El gradualismo era su escape de los

---

[11] *An Eocene Big Bang for Bats*
(http://www.sciencemag.org/content/307/5709/527.summary)
[12] *Big Bang Theory of Human Evolution?*
(http://www.sciencedaily.com/releases/2000/01/000110142554.htm)
[13] *The 'big bang' theory of the origin of psychosis and the faculty of language* (http://www.ncbi.nlm.nih.gov/pubmed/18502103)

"abruptos" y aparentemente milagrosos cambios morfológicos cuyos procesos eludían su comprensión.

Ahora, los gradualistas insisten que los cambios morfológicos abruptos se deben a cambios graduales genéticos, aunque la evidencia diga lo contrario. Los cambios genéticos se acumularan gradualmente, pero la selección natural solo trabaja con aquellos cambios ventajosos que se manifiestan como cambios funcionales abruptos. Aunque no sea el mecanismo más popular, el saltacionismo está aquí para quedarse. La pregunta que surge de este tema es: ¿Implica el saltacionismo biológico propósito o un mecanismo fortuito?

¿Debería el Darwinismo invocar diseño?

Uno de los objetivos establecidos para nuestro blog (darwinodi.com) ha sido tratar de terminar con el concepto de que el diseño (en un sentido teleológico) puede ser razonablemente reconciliado con estrictos procesos darwinianos. Es evidente que nuestra convicción es que ello no es posible, de ahí el nombre de nuestro blog, "Darwin o DI" y no "Darwin y DI". Dicho más claramente, lo que se afirma es; no que el papel del diseño en la biología excluya un proceso darwiniano, sino que la pretensión de que el azar, las mutaciones y la selección natural son parte inherente del diseño es similar a decir que la lluvia y la corrosión participaron en el diseño de monte Rushmore. Por supuesto, la tarea de cerrar el tema a tales nociones no se puede dejar a mi persona. Nuestro blog está expresamente abierto a diversos puntos de vista. Aquí voy a intentar hacer claro el mío.

Si examinamos la literatura relativa a este tema, podremos desprender de su lectura que los teóricos del DI con frecuencia dicen que el diseño inteligente no es incompatible con la teoría de la evolución[14]. Sin embargo, el término "evolución" es bastante amplio y para tratarlo adecuadamente aquí, es necesario entender las

---

[14] *Does intelligent design completely reject Darwinian evolution?* (http://www.ideacenter.org/contentmgr/showdetails.php/id/1153)

complejidades que rodean esta cuestión. Desde luego, ningún teórico del DI, que yo conozca, rechaza los cambios evolutivos que se producen como consecuencia de mutaciones al azar, junto con la selección natural. Pero dado que la complejidad de las máquinas biomoleculares están fuera del alcance de la evolución, y las distancias morfológicas entre las especies son enormemente dispares en extensión, la pregunta es:

¿Hasta qué punto puede extrapolarse un cambio genómico? ¿Qué se puede razonablemente atribuir al proceso darwiniano?

El bioquímico y teórico del DI Michael Behe, afirma al respecto:

"La mutación aleatoria no tiene en cuenta los "alucinantes" sistemas descubiertos en la célula. Entonces, ¿Qué? Si la mutación al azar es insuficiente, entonces, dado que la descendencia común con modificación parece ser firmemente el caso, la respuesta debe ser la mutación no aleatoria. Es decir, alteraciones en el ADN a lo largo de la historia de la vida en la tierra tienen que haber incluido muchos cambios que no tenemos derecho a esperar de la estadística, los que fueron beneficiosos más allá del alcance de las más salvajes probabilidades."

Michael J. Behe, *El Límite de la Evolución*

Por supuesto, las mutaciones no aleatorias no significan necesariamente que las mutaciones se obtienen a través de algunos medios místicos. Como Behe señala:

"¿Qué causó el cambio en el ADN para alcanzar formas no aleatorias útiles? Uno puede imaginar varias posibilidades. La primera es la posibilidad de que el planeta Tierra tuvo una espectacular suerte. Aunque no tenemos derecho a esperar que todas las mutaciones beneficiosas que dieron lugar a vida inteligente en nuestro planeta, hayan ocurrido de todos modos, por ninguna razón en particular. La vida en la tierra

ha ido comprando un billete de la lotería Powerball sorteo tras sorteo, y se da la casualidad de que todos los billetes han sido los ganadores del gran premio. La siguiente posibilidad es que alguna ley desconocida o leyes existentes hayan participado en la conformación celular de una manera mucho más probable que lo que ahora tenemos razones para suponer. Si finalmente se determinaran dichas leyes, sin embargo, veríamos que el mecanismo particular de la vida que hemos descubierto fue en un sentido escrito basado en dichas leyes. Una tercera posibilidad es que, aunque la mutación es en efecto al azar, en muchos momentos históricos medioambientalmente críticos se favorecieron ciertas mutaciones que canalizaron la integración de partes moleculares aisladas en sistemas coherentes. En este punto de vista, el crédito de la elegante maquinaria celular, no debe ir tanto al mecanismo de Darwin sobre el mundo exterior, sino al medio ambiente en general.

Cada lector debe hacer sus propios juicios acerca de la idoneidad de estas posibles explicaciones. Yo mismo, sin embargo, encuentro a todas ellas poco convincentes."

Michael J. Behe, *El Límite de la Evolución*

Observemos que los puntos en los que plantea Behe las deficiencias de diversos mecanismos, no están motivados porque ellos no sean una parte integral de la naturaleza, sino porque no son una parte integral del diseño. Por otra parte, en el rechazo de Behe a las mutaciones al azar, también está el rechazo frontal al proceso darwiniano como un mecanismo viable. Sin embargo, observemos también que Behe no tiene ningún problema en aceptar la descendencia común con modificación. ¿Cómo puede ser esto?

En esta visión de Behe, por lo que parece, las mutaciones al azar no puede dar cuenta de la complejidad en la célula, pero la descendencia común con modificación parece abrumadoramente cierta, por lo que las mutaciones deben ser no aleatorias. En este sentido, los mecanismos naturales que se ofrecen para las mutaciones aleatorias no logran persuadirlo y, por tanto, Behe parece indicar que lo que tenemos es un generador de mutación inteligente que no es parte de la matriz natural de los mecanismos posibles. ¿Por qué las supuestas mutaciones "no aleatorias" que están presentes en el genoma de cada ser vivo, no pueden simplemente ser parte de la gran cantidad de mutaciones aleatorias que Behe observa? Si él acepta la descendencia común con modificación, ¿Por qué la coyuntura de la modificación debe ser no aleatoria? ¿No puede la selección natural aliviar la tensión puesta sobre solo las mutaciones al azar?

Pienso que no. Los problemas que enfrenta la selección natural son esencialmente los mismos que los contemplados en las mutaciones al azar. Las mismas son azarosas y la selección natural es ciega, y con el fin de obtener el tipo de complejidad específica en la célula, necesitamos una dotación genética no aleatoria y alguna previsión inteligente. Sin duda, las mutaciones al azar necesitan adquirir una determinada propiedad antes que la naturaleza puede ponerla a trabajar. Por lo tanto, ¿Es infundada la alegación de Behe de diseño inteligente?

No del todo. Aunque estoy de acuerdo con la conclusión de Behe en términos de que actualmente no existe un mecanismo viable, no soy (y sospecho que tampoco lo es Behe) convencido de que desinflar el proceso darwiniano es suficiente para concluir que el diseño inteligente es la única alternativa posible. Eso nos dejaría con la falacia de basar el conocimiento que actualmente tenemos a nuestra disposición en un solo lado de la moneda. Quizás la respuesta está en la búsqueda de los marcadores positivos para el diseño. Es decir, no lo que falta en términos de mecanismos naturales, pero si lo que está presente en el diseño real. ¿Qué tipo de características encontraríamos si el diseño inteligente es real?

Los marcadores positivos para el diseño pueden apreciarse observando las diferentes características de un sistema. Behe considera una característica en particular muy convincente. Se postula que la *complejidad irreducible* de un sistema sugiere que el sistema no se puede reducir de complejidad y, por esto, no puede llegar a su estado de complejidad a través de numerosas modificaciones. En 1996, Behe escribió que "cualquier precursor de un sistema irreductiblemente complejo que le falta una parte es, por definición, no funcional." En otras palabras, un sistema compuesto de varias partes que interactúan es irreductible, por definición, si la función de base cesa por la supresión de cualquier componente esencial. La implicación es que para llegar a su estado de complejidad irreductible, un sistema menos complejo debe evolucionar funcionalmente grado a grado y sin saltos en complejidad a lo largo de su historia. Este proceso llamado gradualismo, que es la fuerza motriz de los procesos Darwinianos, es un componente necesario para la complejidad en un contexto natural. Los saltos entre estructuras irreductiblemente complejas no pueden existir si el proceso darwiniano es verdad. Cada sistema debe ser co-optado por otro sistema funcional más complejo y cada sistema funcional debe tener un camino evolutivo que conduce a toda sucesión funcional. Darwin entendió el problema de los saltos y rechazó esa idea en lo que él consideró como una base empírica:

"Aunque en muchos casos es muy difícil hasta conjeturar por qué transiciones han llegado los órganos a su estado actual, sin embargo, considerando cuan pequeña es la proporción entre los seres que viven y son conocidos y los extinguidos y desconocidos, me he admirado de cuán rara vez puede nombrarse un órgano sin conocerse algún grado de transición que lleve hacia él. Ciertamente es verdad que rara vez o nunca aparecen en un ser órganos nuevos como creados para algún propósito especial; y bien lo muestra aquel antiguo cánon de la historia natural, aunque algo exagerado: "Natura non facit saltum". Nos encontramos con que se admite este axioma en los escritos de casi todo naturalista de experiencia, o como Milne Edwards ha expresado muy bien, la naturaleza es pródiga en variedades, pero mezquina en innovaciones. ¿Por qué, según la teoría de la Creación, habría tanta variedad y tan poca novedad real? ¿Por qué todas las partes y órganos de tantos seres

independientes, cada se supone que han sido creados separadamente para su propio lugar en la naturaleza, estarían tan comúnmente enlazados por pasos graduales? ¿Por qué la naturaleza no habría de dar un brinco repentino de una estructura a otra? Según la teoría de selección natural, podemos comprender claramente por qué no lo hace, pues la selección natural sólo puede actuar aprovechando pequeñas variaciones sucesivas; jamás puede dar nunca un salto grande y repentino, y le es forzoso avanzar por pasos cortos y seguros, aunque lentos."

Charles Darwin, *El Origen de las Especies*

La complejidad irreductible no sólo está presente en los seres vivos, sino también en otros mecanismos no biológicos siendo totalmente comprobable. Mediante el uso de técnicas de ingeniería inversa podemos determinar la irreductibilidad de un sistema. Reduciendo la complejidad de un sistema modular mediante la eliminación de partes (proteínas) de cada posible vía evolutiva que condujo a su estructura final, debemos llegar a un núcleo irreductible, mediante el cual el sistema dejará de funcionar. La implicación de encontrar sistemas irreductiblemente complejos, por supuesto, también fue prevista por Darwin:

"Si se pudiera demostrar que existió un órgano complejo que no pudo haber sido formado por numerosas, sucesivas modificaciones, leves, mi teoría se desmoronaría".

Charles Darwin, *El Origen de las Especies*

La complejidad irreductible es un tipo de complejidad específica funcional[15] que se caracteriza por la independencia de las tendencias naturales. Las mutaciones al azar pueden producir complejidad en un sentido estocástico, pero no puede especificar la funcionalidad. Las

---

[15] *Detecting Design in the Natural Sciences*
(http://www.designinference.com/documents/02.02.POISK_article.htm)

leyes, por el contrario, pueden producir especificidad, pero no se especifica la complejidad. De hecho, las leyes pueden fijar patrones específicos, generalmente simétricos en la naturaleza (como las estructuras fractales auto-similares), pero que son simples, no complejos.

Así, mientras que Behe afirma descendencia común con modificación, está claro que él no afirma que tal descendencia produce nuevas formas biológicas. Para Behe, el diseño inteligente es una parte necesaria de las modificaciones sucesivas de la biología porque la evolución no es eficiente en la creación de ellas en la medida necesaria para la innovación biológica.

Aunque parto con Behe en aceptar la ascendencia común, no creo que se pueda conciliar un proceso darwiniano estricto con el diseño inteligente. Es decir, creo que el mecanismo darwiniano está diametralmente en desacuerdo con el diseño actual.

Minimizando el Papel del DI

Una búsqueda del término "diseño inteligente" (DI) en curso a la blogósfera científica del ciberespacio comprueba la gran ignorancia que flota sobre el tema a un nivel mundial. Sin duda, hay tanta confusión sobre el tema, que lo más prudente es de invitar un discurso más constructivo y someterse un poco a las implicaciones que inquieta al lector común.

En efecto, los propugnadores del DI afirman que tienen métodos de base científica que los permite descifrar señales que demarcan algún designio o diseño de origen inteligente. Como los métodos propuestos del DI se dicen abarcar todo diseño intencional, su aplicación tiene alcance universal y consecuentemente no se limita solo al designio humano. ¿Pero qué tal si la propuesta fuera un poco mas agnóstica? Es decir, ¿qué tal si la propuesta no fuera de afirmar que hay métodos, sino que aun no sabemos si los hay? Esta manera de minimizar el papel del DI pretende ayudar al lector decidir si el DI tiene algún lugar en el discurso científico. Como verán, mi propuesta no derrota completamente al DI; más bien, abre las puertas a discusiones todavía más productivas sin prejuicios sobre su mérito científico.

Indiscutiblemente, la ciencia supone tomar el papel de una disciplina con el propósito de engendrar el afán para el descubrimiento, así que si hay algún diseño intencional cuyas características son discernibles entre algún diseño de causa natural, la ciencia debe de animar tales nociones con brazos abiertos. ¿No?

Digamos entonces por ahora que no hay una manera de saber si se puede distinguir el diseño intencional del diseño guiado por leyes fisicoquímicas. En la ciencia se puede proponer lo siguiente sobre el descubrimiento del diseño intencional:

a) No hay diseño intencional
b) Si hay diseño intencional
c) No es posible saber si hay diseño intencional
d) No sabemos si hay diseño intencional pero es posible descubrirlo

La posición agnóstica o más conservativa seria tomar la opción d). Es decir, "No sabemos si hay diseño intencional pero es posible descubrirlo."

Aun si se admitiera que todavía no existen métodos para detectar el diseño intencional, la ciencia no debe impedir que una obra o programa de investigación persiga tales nociones del diseño intencional en la naturaleza. Veamos ahora las otras opciones.

No hay diseño intencional

Claramente, la noción de que no hay un diseño intencional abarca demasiado. Simplemente no hay manera de decir que no hay diseño intencional con los datos que cubren nuestro conocimiento actual. Aun con toda la conjetura, la ciencia no explica las coincidencias antrópicas del universo, el origen de la vida, la inmensa complejidad biológica, la aparición repentina de organismos en el registro fósil, la información codificada en el ADN, o cualquier otra anomalía que desafían las leyes que gobiernan nuestro mundo. Si en realidad no hay diseño intencional, pero tampoco existen mecanismos que expliquen la "apariencia" de diseño, una nota promisoria no basta. Es decir, no sería prudente invocar solo mecanismos de sentido reduccionista antes de investigar todas las posibilidades.

Si hay diseño intencional

Según el canon científico, en la ciencia no hay nada final o concluido. Por ejemplo, las ideas de Albert Einstein superaron las de Isaac Newton, las de Newton de Johannes Kepler, las de Kepler de Galileo Galilei, las de Galileo de Nicolás Copérnico, y las de Copérnico las de Claudio Ptolomeo. Lo mismo sucede con las ideas de Darwin, Russell, Lamarck, Erasmus, etc. Así que en cuanto uno se pone la idea de que ya concluyó todo conocimiento racional, tan pronto emerge una teoría que derrumba todo el trabajo anterior. En fin, se puede decir que la ciencia es irremediablemente provisional.

Admito que aunque toda la evidencia parece concluir que el diseño intencional existe en la naturaleza, no puedo decir con absoluta certeza que así lo es. Mi posición es provisional y admito no tener la última palabra sobre el tema. Seguramente, si hay diseño intencional, la última palabra será la del Diseñador mismo si así lo desea. Lo que sí puedo decir, revalidando lo que muchos materialistas reduccionistas dicen, es que la naturaleza exhibe toda la apariencia de haber sido "diseñada para algún propósito."

No es posible saber si hay diseño intencional

Esta proposición es demasiado negativa y además prohíbe el desarrollo científico. ¿Cómo puede la ciencia limitarse de tal manera sin afirmar también poseer el conocimiento total de todo fenómeno? La posibilidad de que exista un diseño intencional en la naturaleza sigue siendo una pregunta abierta.

Los científicos de hoy reconocen que el conocimiento de los principios de la ingeniería son clave para investigar y entender la complejidad en la maquinaria molecular que existe en cada célula. Si es así, proponer que hay diseño intencional en la biología no es una proposición irracional. En sí, el hecho de que la ingeniería es útil en tales sistemas justifica la propuesta del diseño inteligente.

Esta cosmovisión teleológica tiene el poder de fermentar una revolución científica. Claro, aunque uno no acepte conclusivamente que hay un diseño intencional, esta cosmovisión tiene la ventaja de asumir nuevas propuestas al conocimiento científico.

No sabemos si hay diseño intencional, pero es posible descubrirlo

Regreso a la posición minimalista del DI. Si es posible crear algún método para detectar patrones intencionales entre aquellos sin propósito, la ciencia puede seguir cualquier trayecto a su alcance para llegar a alguna conclusión. Quizá no sabemos si hay algún diseño intencional en la naturaleza, pero no hay nada en la ciencia que indique la imposibilidad de descubrirlo.

Como ensayo, ¿qué métodos utilizaría para detectar algún diseño intencional?

¿Por qué imitamos a la naturaleza?

La Naturaleza es un sistema con maquinaria profundamente avanzada, que ni nuestra ingeniería más desarrollada ha podido alcanzar. A pesar de lo que dicen los Darwinistas, el diseño en la Naturaleza no refleja una ineptitud en el diseñador, y tampoco refleja ser los restos más aptos de un mecanismo ciego y sin propósito. Efectivamente, el diseño de la vida exhibe la supremacía de un gran ingeniero.

El campo científico llamado Biomimética (o Biomimésis) es un campo que toma su inspiración de la Naturaleza para resolver problemas tecnológicos de la humanidad.

El enfoque de este campo no tiene nada que ver con procesos no dirigidos, solo con patrones/diseños que se encuentran en la ingeniería natural (aunque sus practicantes buscan la oportunidad de inculcar su ideología, como verán más adelante). Así que la innovación tecnológica que se deriva de los sistemas biológicos no son innovaciones para la Naturaleza, sino solo para la humanidad.

Indiscutiblemente, mirar al mundo con una perspectiva de diseño e ingeniería es una manera más heurísticamente valiosa que pensar de la Naturaleza como un sistema sin diseño, o como el resultado del azar y de leyes fijas.

Desde las maquinas moleculares hasta una concha del mar, el diseño en la Naturaleza nos da más aliento sobre nuestro propio futuro tecnológico, ya que la Naturaleza resuelve muchos de los retos que enfrentamos. Varios de los diseños inspirados por la Naturaleza incluyen:

Autoensamblaje – Sistemas que pueden aprovechar de la luz del sol o el lente óptico que puede crearse a temperatura ambiente

CO2 como materia prima: la contaminación se convierte en alimento para otros sistemas

Transformación solar – Células de combustible que son más eficientes

Poder de forma – Protuberancias que se colocan en el fuselaje de un avión como los de las aletas de una ballena pueden mejorar la eficiencia de combustible en un 32 %

Sin pigmentos de color: Crear colores y hacerlos cambiar simplemente cambiando la forma estructural

Limpiar sin detergentes – Sistemas de autolimpieza

Saciar la sed – Sacando agua de la niebla o aire húmedo, donde no existe el agua superficial

Metales sin minería – Extracción de metal de aguas residuales

Química verde – Usando sólo lo que la naturaleza ha creado para diseñar y construir

Degradación Cronometrada – La capacidad de autodegradación

Capacidad de recuperación y curativas – Vacunas secas que no necesitan refrigeración

Hay algo curioso en el diseño intencional. Sistemas recientemente dados a luz, tal como el motor del flagelo bacteriano, tiene características de algo diseñado por humanos; pero el diseño humano no pudo ser el resultado de inspiración por su equivalente biológico porque todavía no se había descubierto. Esto indica que el diseño humano y el diseño biológico llegaron a sus resultados similares por coincidencia.

Entonces podría uno preguntarse, ¿Cómo podría la Naturaleza crear un sistema que exhibe todas las características de nuestros propios diseños, pero más avanzados, y no atribuirlo también a la intencionalidad y el propósito?

Plagiando el diseño natural muchos presumen que han diseñado algo de alta calidad pero sin darle crédito a la fuente de su inspiración. O más bien, al diseñador mismo. Vean como unos desafían sus propias intuiciones:

"A través de la evolución, la naturaleza ha "experimentado" con diversas soluciones a los retos y ha mejorado en las soluciones de éxito. Los organismos que creó la naturaleza, que son capaces de sobrevivir, no son necesariamente óptimos para su rendimiento técnico. Efectivamente, todo lo que necesitan hacer es sobrevivir el tiempo suficiente para reproducir. Los sistemas vivos archivan la información evolucionada y acumulada por la codificación en los genes de la especie y la transmisión de la información de generación en generación a través de la autorreplicación. Por lo tanto, a través de la evolución, la naturaleza o biología ha experimentado con los principios de la física, química, ingeniería mecánica, ciencia de materiales, movilidad, control, sensores y muchos otros ámbitos que reconocemos como la ciencia y la ingeniería."

Yoseph Bar-Cohen, *Biomimética: tecnologías biológicamente inspiradas*

Es decir, un proceso ciego y sin propósito está dotado con una creatividad que excede la ingeniería humana. ¿Sera posible ejecutar tal complejidad con el proceso evolutivo? ¿Que sería la tasa de mutación de tal hazaña? y ¿Cómo podría superar los límites de conservación de la información biológica? En mi opinión, lo más problemático para el proceso evolutivo es de incrementar la información compleja especificada. El proceso evolutivo será algo oportunista para elegir las mejores adaptaciones, pero no puede diseñar a través de la acumulación de las mismas, al menos que también pueda producir la información necesaria para nuevas estructuras morfológicas. Si no hay un proceso adecuado, los científicos de la Biomimética están plagiando de un diseño intencional.

El Mimetismo Biológico y sus Implicaciones

En los últimos párrafos escribí sobre la Biomimésis (*bio* – vida y *mimesis* – imitar), o la ciencia que estudia a la Naturaleza como fuente de inspiración para crear innovaciones que resuelven los obstáculos tecnológicos de la humanidad. Aquí se expone otro tipo de "inspiración" mimética que resuelve otro tipo de dificultad, es decir, la de la supervivencia. Aquí las especies imitantes no plagian diseños para formar nuevas tecnologías, sino imitan el diseño de otras especies en sí mismas como disfraz para el gran baile de la vida.

Aunque hay mucha conjetura, el mimetismo biológico sigue siendo un misterio en términos evolutivos. Estas especies, los *mímicos*, perciben características de un *modelo* o especie distinta y se asemejan a tal para adquirir alguna ventaja funcional sobre su depredador. El enfoque aquí no es de distinguir entre el mimetismo *batesiano* o *mulleriano*, sino para demostrar que el fenómeno mimético en si implica una evolución dirigida y por extensión una implicación teleológica.

Unos de los ejemplos del mimetismo biológico más sorprendentes incluyen, orugas que imitan el excremento de aves, insectos que imitan hojas de árbol (sus huevos asemejan semillas), insectos que imitan espinas, y los que imitan ramitas de eucalipto. Tales ejemplos se dicen haber evolucionado, pero su evolución elude nuestra comprensión porque no existe un mecanismo adecuado para explicar la complejidad y la apariencia de propósito en estos insectos. Las propuestas que según pueden explicar este fenómeno del mimetismo son:

Convergencia evolutiva: el fenómeno de la evolución de características semejantes en especies distintas y evolutivamente alejadas.

Coevolución: la evolución mutua entre especies distintas influenciada por relaciones recíprocas para sincronizar la adaptación de ambas.

Selección natural: la reproducción de genotipos favorecidos en una población marcada por cambios evolutivos.

Lo primero que se debe notar es que no hay leyes fijas en la evolución; más bien, no tiene una regularidad que garantice la estructura deseada. Tanto como la evolución por convergencia y la coevolución trabajan a través de mutaciones aleatorias que se tamizan a través de la selección natural. La selección, siendo ciega, tampoco garantiza reservar aquellas mutaciones que llevaran al organismo a sus finales características apetecidas. Lo único que garantiza la selección natural es de preservar las adaptaciones más aptas para sobrevivir en su ambiente.

La convergencia evolutiva entre distintos organismos sigue un trayecto común debido a las presiones ambientales similares, ¿pero cómo se supone que la presión del ambiente dirige la mímica de un insecto a una planta, o más, del excremento? Esta explicación no tiene base científica. El mimetismo es un tipo de cripsis en la cual se supone que la evolución del insecto cambia fortuitamente sin algún patrón predeterminado, aun la suborden *Euphasmatodea* fue capaz de evolucionar su capacidad de imitar dos formas totalmente diferentes de vegetación. Esto no indica que las mutaciones que llevaron a cabo su forma final fueron aleatorias, sino que hubo un propósito en la imitación de la vegetación.

La coevolución tampoco tiene algo que decir en este caso. Aunque sería posible que hubiera una relación reciproca entre los insectos mímicos y las plantas que imitan, no deja de ser una dificultad para la imitación a través de mutaciones aleatorias elegidas por la selección en cualquier ambiente.

Richard Dawkins toma la susceptibilidad a la victimización de estos insectos como la fuerza de tras de la selección natural. Dice:

> "Tal vez una especie de depredador sólo nota el color, otra sólo la forma, otra sólo la textura, y así sucesivamente. A continuación, un insecto que se asemeja a una ramita en sólo un respeto escaso engaña a un tipo de depredador, a pesar de que se come por todos los otros tipos de depredadores. Cuando progresa la evolución, más y más

características cada vez más semejantes se le agregan al repertorio de los insectos. Así, el final de la perfección multifacética del mimetismo se ha elaborado por la suma selección natural proporcionada por muchas especies diferentes de depredadores."

Richard Dawkins, *El Relojero Ciego*

Así que la selección natural no solo tamiza las ventajas del mimetismo resultando de las presiones ambientes, también afecta al mimetismo por presiones del depredador. Claro, Dawkins no explica como tal insecto se protegería de Koalas u otras especies de dieta herbívora, pero no importa porque al menos sabemos como el insecto llego a ser ramita.

El registro fósil exhibe una abrupta aparición de estas especies, y además, sin algún cambio evolutivo subsiguiente. Esta ausencia de cambio evolutivo es un ejemplo sobresaliente de estasis morfológico. ¿Pero entonces de donde proviene el mimetismo biológico? Dong Ren y sus asociados de *Capital Normal University* en Beijing han desenterrado dos fósiles de insectos hoja (*Bellinympha filicifolia* y *Bellinympha dancei*)[16] de los finales del período Jurásico Medio (hace 165 millones de años).

Varios científicos han propuesto un *teleomecanismo* que según explica la aparente evolución impulsada por el propósito. Es decir, una evolución dirigida por propiedades internas del organismo que gravan sus historias evolutivas. ¿Puede ser esto posible? Esta explicación de la autonomía inherente trata de demarcar la diferencia entre un sistema implicado por la teleonomía y uno implicado por la teleología. ¿Será entonces una afinidad bioquímica predeterminada por la grabación que existe ya en el organismo? ¿Si fuera así, cómo adquirió la habilidad de reconocer/grabar al objeto que imita?

---

[16] *Ancient pinnate leaf mimesis among lacewings*
(http://www.pnas.org/content/107/37/16212)

Capítulo II

EVOLUCIONISMO
Felipe Aizpún

Darwinismo: ¿Ciencia o Filosofía?
De Hodge (1870) a Francisco Ayala (2007)

Hasta qué punto el darwinismo es una doctrina científica o merece otro tipo de consideración es algo que se viene discutiendo desde hace siglo y medio. Para muchos, el pensamiento de Charles Darwin está imbuido de condicionantes ideológicos, y refleja muchos de los valores imperantes en la Inglaterra Victoriana. Las influencias reconocidas por el propio Darwin de las ideas de Malthus son perfectamente rastreables en su obra, en especial en lo que se refiere a las limitaciones para la supervivencia de todos los organismos nacidos en un determinado hábitat por la escasez de recursos naturales suficientes. Junto a ello, la idea de la supervivencia del más apto recoge la influencia de Herbert Spencer quien a su vez admiraba profundamente la obra del evolucionista Caballero de Lamarck. Pero cualesquiera que fuesen las influencias de estas ideologías predominantes en el siglo XIX, y dejando la labor de analizarlas a los sociólogos, lo cierto es que la doctrina evolucionista en general y el evolucionismo darwinista en particular no han estado nunca exentos de la influencia de convicciones o prejuicios filosóficos. Como es sabido, el éxito del darwinismo como teoría no fue ni mucho menos inmediato aunque sí lo fuera su difusión y popularidad. Por el contrario, una gran parte de la comunidad científica se mostró abiertamente escéptica frente a las teorías del famoso naturalista inglés y fueron muchos los libros y trabajos que se publicaron al respecto y en los que se criticó abiertamente la hipótesis de la evolución por selección natural.

Uno de estos libros fue el escrito por el norteamericano Charles Hodge en 1870 bajo el título "What is Darwinism?" y en el que Hodge captaba de forma intuitiva y clara la esencia del mensaje de la teoría darwinista. Veamos cómo lo explica el propio autor:

"De lo que se ha dicho, vemos que el darwinismo incluye tres elementos distintos.

En primer lugar, la evolución, o la suposición de que todas las formas orgánicas, vegetales y animales, han evolucionado o se han desarrollado a partir de uno o unos pocos gérmenes de vida primordial; en segundo lugar, que esta evolución se ha llevado a cabo por la selección natural o la supervivencia del más apto, y tercero, con mucho el más importante y el único elemento distintivo de su teoría, que esta selección natural ocurre sin diseño, conducida por causas físicas no inteligentes. Ni el primero ni el segundo de estos elementos constituyen el darwinismo, ni tampoco los dos juntos.

No es, sin embargo, ni la evolución ni la selección natural, lo que da al darwinismo su peculiar carácter e importancia. Es el hecho de que Darwin rechaza toda teleología, o la doctrina de las causas finales. Niega diseño en cualquiera de los organismos en el mundo vegetal o animal. Él enseña que el ojo se formó sin ningún propósito de producir un órgano de la visión."

Charles Hodge, What is Darwinism?

En el caso de Hodge, hombre por otra parte de profundas convicciones religiosas, la denuncia en torno a la obra de Darwin suponía poner de manifiesto el carácter filosófico de su obra. Lo que constituía la originalidad o la peculiaridad del pensamiento de Darwin no era tanto la idea ya clásica de la evolución de las formas vivas en general ni tampoco la apropiación de una idea no especialmente novedosa como la selección natural, si bien está, es preciso mencionarlo, distorsionada de su sentido primigenio como principio de conservación de los rasgos propios de cada especie. Lo esencial en la obra de Darwin es la contestación de todo sentido finalista en la Naturaleza.

Darwin se erige así en el antídoto frente a la Teología Natural de William Paley, y su mensaje fundamental consiste en proponer un mundo exento de implicaciones sobrenaturales en el que la aparición de todas las formas vivas, incluido el ser humano, puede ser explicado por procesos naturales de acuerdo con las leyes que rigen el cosmos actuando sobre la materia animada. La esencia del darwinismo por lo tanto es permitirnos, en palabras de Dawkins, abrazar el ateísmo sintiéndonos intelectualmente reconfortados.

Hodge nos explicita su análisis con una reflexión que vale la pena citar literalmente:

> *"...En segundo lugar (Darwin) usa la palabra natural como antitético de sobrenatural. Selección natural es una selección hecha por leyes naturales, actuando sin intención ni diseño. Se opone por tanto, no sólo a la selección artificial que se hace por la sabiduría y el arte del hombre para alcanzar un determinado propósito, sino también a la selección sobrenatural, que significa bien una selección originalmente inducida por un poder superior a la Naturaleza o que es realizada por ese poder. Al usar la expresión Selección Natural, el Sr. Darwin pretende excluir el diseño o las causas finales."*

> Charles Hodge, *What is Darwinism?*

Lo que se pone de manifiesto en el análisis de Hodge es que el evolucionismo darwinista no es tanto una conclusión científica que nace de la observación de la Naturaleza como un prejuicio filosófico que responde a una intención bien definida: eliminar el diseño intencional así como toda interpretación finalista para proponer una concepción de la vida y del cosmos capaz de justificar la existencia de todo lo real como un encadenamiento de eventos fortuitos emergentes bajo el imperio de las leyes naturales que nos gobiernan.

En esta hipótesis el evolucionismo se convierte en una condición obligada y dotarle de un soporte teórico adecuado se convierte en una necesidad.

Un análisis de esta naturaleza bien podría parecer una crítica interesada alentada por una mente "creacionista" poco rigurosa y respetuosa con el alto valor científico de una de las mentes más preclaras de nuestra era. Pero, ¿qué opinarían si les adelanto que tal análisis ha sido finalmente validado por uno de los más eminentes neo-darwinistas del siglo XX? En efecto, el profesor español Francisco Ayala, adalid del darwinismo más recalcitrante, nos sorprendía en Mayo de 2007 con un artículo de gran significación y repercusión mediática publicado en la célebre PNAS (Proceedings of The Nacional Academy of Sciences), "Darwin´s Gratest Discovery: Design without Designer".

En su artículo mencionado Ayala nos ofrece unas manifestaciones que considero enormemente reveladoras. Para empezar, el título del trabajo es altamente significativo: "Darwin´s Greatest Discovery: design without designer", un artículo publicado en la PNAS con fecha 15 de Mayo de 2007 y en el que Ayala pretende otorgar a la obra de Darwin un valor filosófico más que científico. Ayala intenta así desviar la atención de la falta de consistencia científica del darwinismo al presentarlo, no como una propuesta estrictamente científica, sino como una aportación de tipo filosófica, lo que pretendidamente, resiste mejor las críticas rivales basadas en la inconsistencia de las verificaciones empíricas de la propuesta. Ayala se manifiesta explícitamente en este sentido en el trabajo y añade algo que no puede sino hacernos desembocar de nuevo en el desconcierto y la estupefacción: que para Darwin, de hecho, encontrar evidencia

científica que soportara su tesis era una preocupación secundaria. Y
añade el siguiente comentario:

> *"El origen de las especies" es, más que ninguna otra cosa, un
> constante esfuerzo para resolver el problema de explicar el
> diseño de los organismos, su complejidad, diversidad y
> maravillosa organización como resultado de procesos naturales.*
>
> *Darwin saca a colación la evidencia de la evolución porque la
> evolución es una consecuencia necesaria de su teoría de
> diseño."*

Francisco Ayala, *Darwin´s Greatest Discovery:*
design without designer

Las palabras de Ayala merecen una reflexión profunda no sólo por lo
que explícitamente dicen sino más importante aún por lo que
significan, en el contexto del debate, en los tiempos actuales. Si las
releemos detenidamente parece evidente que el mensaje de Ayala es
que el valor de la obra de Darwin consiste en ofrecernos una solución
al problema de la apariencia de diseño que nos permita reivindicar
que no existe necesidad de una intervención sobrenatural para
explicar nuestro mundo y la vida que lo habita; y ese valor, parece no
depender de la consistencia científica de la propuesta, la cual, viene a
ser como una confirmación adicional, como un valor añadido a la
propuesta pero no esencial a la misma. En definitiva la propuesta es
grandiosa en sí misma, aunque no sea verdad, o debe ser tenida por
cierta porque nos ofrece una respuesta que se sostiene por sí misma
sin que las críticas científicas a la misma deban escucharse ya que la
grandeza metafísica del mensaje desafía todo mezquino intento de
cuestionar su verosimilitud.

Darwin nos propone una "teoría de diseño", la idea de un diseño que
no precisa de un diseñador y el evolucionismo se hace necesario para
sustentar su teoría. El camino inferencial que debe ser respetado en
el discurso racional ha sido así traicionado, los términos se han
invertido. Las inferencias filosóficas deben nacer a partir del

conocimiento científico más avanzado. En este caso, lo que ocurre es justamente lo contrario: se asume un prejuicio filosófico de forma arbitraria y se construye una hipótesis científica capaz de hacerlo verosímil.

Estas palabras de Ayala son un auténtico misil en la línea de flotación del paradigma darwinista y probablemente son el resultado de un sentimiento de acorralamiento que provoca una auténtica huida hacia adelante. Ayala no parece haber sopesado todo el significado que encierran sus afirmaciones. Por una parte significan inequívocamente que la propuesta de Darwin surge de un prejuicio naturalista, que la idea de la evolución es una consecuencia obligada de asumir tal prejuicio, que la evolución darwinista no surge como una teoría científica a partir de la observación de la Naturaleza y que incluso la existencia o no de datos empíricos que la corroboren es "un problema secundario".

De hecho resulta llamativo que Ayala dedique una parte de su artículo a recordar las observaciones en la Naturaleza que en su opinión sustentan y muestran los mecanismos de la selección natural y las mutaciones por azar (la esencia del discurso científico darwinista) para justificar el hecho evolutivo gradualista. Los ejemplos clásicos son tres: la resistencia de los organismos vivos a los antibióticos, la resistencia de los insectos a los pesticidas y el cambio de color en la piel de los roedores en el desierto. Como se ha puesto de manifiesto a menudo, estos tres ejemplos no revelan ningún evento evolutivo sino únicamente un ejemplo de supervivencia ante una amenaza crítica. Las especies permanecen íntegramente en el seno de su cuadro morfológico tras la mutación experimentada. Y ello sin entrar a analizar la probabilidad de que la mutación experimentada pueda ser interpretada mucho más como una mutación dirigida que como un hecho fortuito.

En definitiva, todos los argumentos esgrimidos habitualmente como razones para cuestionar el valor epistemológico del paradigma evolucionista y del darwinismo en concreto son, en estas palabras de Ayala, confirmados expresamente (y de forma ingenua) por uno de los mayores defensores del modelo imperante. Lo que en palabras de Hodge podía ser tomado (ilegítimamente) como una acusación interesada se convierte en las propias palabras de Ayala en una auténtica confesión de parte.

Darwin y la Selección Natural

Uno de los elementos esenciales del moderno paradigma neo-darwinista es la atribución a la Selección Natural (SN) de un carácter creativo para justificar la inmensidad de la riqueza biológica de la Naturaleza. El naturalismo ontológico imperante impone la dualidad azar-necesidad como único marco explicativo admisible de la realidad. Conforme se han ido descubriendo más y más datos en torno a la increíble complejidad y sofisticación de los organismos vivos se ha ido verificando la irracionalidad de reivindicar el azar como explicación justificadora de tal complejidad organizacional. El discurso se ha decantado por exaltar el concepto de SN a la categoría de causa suprema de la riqueza formal, funcional y estética de la vida. La pretensión de autores como Dawkins de relegar la importancia del azar y subrayar el papel predominante de la selección natural en el proceso evolutivo no es una mera intuición casual. Como él mismo señala en su célebre libro "El relojero ciego" la complejidad de los seres vivos es de tal naturaleza que contradice la simple idea de azar como causante de la misma, por lo que si alguien defiende o asocia el darwinismo a un proceso puramente casual entonces el darwinismo quedaría fácilmente rebatido.

Dawkins, con su proverbial facilidad dialéctica y dotes de convicción, argumenta acaloradamente en su libro algo que se va convirtiendo poco a poco en una reivindicación irrenunciable entre los darwinistas: la idea de que todo el proceso evolutivo y su increíble capacidad para la creación de formas nuevas y de mayor complejidad que sus predecesoras, se sostiene gracias a una "fuerza creadora" que no es otra que la SN. Este recurso a la SN como el factor capaz de justificar la apariencia de diseño, convirtiéndose así en la solución naturalista capaz de relegar a mera ilusión las proverbiales intuiciones teleológicas del gran Paley, nos ha sido presentado durante décadas como un hallazgo maravilloso, como una de las mayores hazañas intelectuales de la historia de la Humanidad.

Curiosamente, esta pretensión tiene poco que ver con las ideas originales de Charles Darwin. En su obra magna "El Origen de las Especies" nos dice el gran naturalista inglés lo siguiente:

> *"Varios autores han entendido mal o puesto reparos al término selección natural. Algunos hasta han imaginado que la selección natural produce la variabilidad, siendo así que implica solamente la conservación de las variedades que aparecen y son beneficiosas al ser en sus condiciones de vida".*

Charles Darwin, El Origen de las Especies

Es un poco más adelante, dentro del mismo capítulo 4, en el epígrafe titulado "Divergencia de caracteres" donde Darwin introduce lo que él considera ser el motor y causa de la aparición de formas nuevas y del incremento progresivo de la complejidad de los seres vivos:

> *"Simplemente, la suerte, como podemos llamarla, pudo hacer que una variedad difiriese en algún carácter de sus progenitores y que la descendencia de esta variedad difiera de ésta precisamente en el mismo carácter, aunque en grado mayor."*

Charles Darwin, El Origen de las Especies

La variación surge por azar, la SN solamente discriminaría entre las variaciones fortuitas aparecidas, por lo que difícilmente podemos atribuirle carácter creativo alguno. Darwin era plenamente consciente de esta circunstancia. No solamente eso, por el contrario, en la obra de Darwin la SN tiene un carácter exactamente contradictorio con lo que pretenden sus correligionarios en la actualidad. Para Darwin la SN nace como una hipótesis ad hoc que se hace precisa para justificar las anomalías de una discontinuidad evidente y generalizada entre los seres vivos frente a su modelo estrictamente gradualista de descendencia con modificación.

En efecto, si la evolución está dirigida por variaciones casi imperceptibles que van progresivamente acumulándose, entonces la Naturaleza debería presentarnos una pléyade de especies cercanamente conectadas entre sí que nos fueran mostrando el hecho evolutivo en todo su esplendor. Nada de eso encontramos entre los seres vivos, las discontinuidades entre todos ellos, cualesquiera que sean sus familiaridades en la clasificación cladística, no evitan la constatación de saltos y diferencias sustanciales. Hacía falta una explicación para salvar el escollo y hacer verosímil el modelo estrictamente naturalista ideado por Darwin. La SN fue la respuesta ideada por Darwin, pero no la SN en su concepción creativa que ahora postulan sus seguidores; una lectura detallada del "Origen" nos muestra una concepción destructiva, aniquiladora de la SN. Resultaba preciso eliminar la multitud de especies intermedias que debieran haber existido en el pasado para justificar las diferencias enormes entre las distintas especies supervivientes.

Todas las referencias que hace Darwin a la SN en su obra tienen este cariz aniquilador, destructor, eliminador de las especies intermedias y nunca creador o justificador de la riqueza y complejidad de las formas vivas sobrevivientes. Darwin llega incluso a mencionar la palabra "exterminio" para describir el proceso de suplantación de las especies antecesoras por parte de las nuevas especies surgidas de aquellas, como ejemplo de actuación de los individuos más aptos con relación a los menos adaptados, como forma de manifestación del principio de SN. En su capítulo 11 que trata sobre la sucesión de las formas orgánicas, en el apartado dedicado precisamente a "la extinción" escribe que "... podemos creer que la producción de formas nuevas ha ocasionado la extinción de un número aproximadamente igual de formas viejas". En esas condiciones, lógicamente, la SN no puede ser fuente de diversidad.

La SN adquiere en Darwin un carácter destructor que supone una deformación del sentido originario del concepto, es decir, la tendencia al mantenimiento de los caracteres propios de la especie frente a los individuos que presentan anomalías o deformaciones. Este es el sentido primigenio y razonable de la expresión, su carácter conservador y protector de las esencias de cada especie frente a las alteraciones accidentales ocurridas en el curso de la vida. El carácter aniquilador que le asigna Darwin así como el carácter creativo que le otorgan sus correligionarios en la actualidad no son sino fantasiosas especulaciones sin fundamento en la evidencia empírica, al servicio de hipótesis científicas que no nacen de la observación de la realidad sino de prejuicios ideológicos o filosóficos previos.

El sentido originario de la idea de SN, por el contrario, tiende a eliminar las causas de la heterogeneidad de las mutaciones produciendo un genotipo uniforme y actuando más para conservar la herencia de la especie que para transformarla. La SN tiene un rol conservador, tiende a producir homogeneidad, sólo la selección artificial tiende a producir heterogeneidad.

El Evolucionismo y el criterio de falsabilidad de Popper

Muy frecuentemente se suscita la discusión en torno al carácter científico y a la posibilidad de falsación de las propuestas evolucionistas, o a las propuestas del DI que contradicen el evolucionismo darwinista de la "moderna" teoría sintética.

Se trata de una cuestión, a mi juicio, no siempre bien comprendida que da lugar a debates enconados y a menudo perfectamente estériles; vale la pena recapitular algunas de las claves de tan importante asunto.

Existen básicamente dos tipos de disciplinas científicas diferenciadas. Por un lado las ciencias experimentales; por otro, las ciencias históricas. Para una explicación rigurosa de esta diferencia y de las implicaciones epistemológicas de la misma véase el excelente artículo de Carol E. Cleland: "Metodological and Epistemic Differences between Historical Science and Experimental Science".

Las ciencias experimentales se ocupan de la realidad en cuanto a cómo son las cosas, de qué están hechas, cómo cambian... En definitiva se ocupan de aspectos accidentales de la realidad que pueden ser sometidos a investigación y escrutinio experimental. Un prototipo de las ciencias experimentales es la física y el estudio de las leyes que rigen el Universo material que nos alberga. El método de razonamiento lógico que corresponde a estas disciplinas es la inducción, es decir, el establecimiento de reglas o normas generales a partir del conocimiento de los eventos particulares por medio de la experiencia. Este método nos permite definir reglas o leyes y diseñar experimentos críticos que pueden confirmar o falsar las hipótesis imaginadas.

Las ciencias históricas por su parte nos intentan explicar los procesos de cambio ocurridos en el pasado, sus mecanismos y sus causas. Pertenecen a esta clase de disciplinas científicas la Geología, la Cosmología de los orígenes, la Paleontología o la Biología evolutiva.

Estas disciplinas investigan el pasado a partir de los restos o huellas que nos han llegado hasta la actualidad. A diferencia de las ciencias experimentales no se desarrollan por el método de razonamiento inductivo sino por el razonamiento hipotético o abducción; éste no consiste en proponer reglas generales a partir de datos concretos sino en imaginar causas o hechos acaecidos en el pasado capaces de explicar o justificar los efectos que experimentamos en el presente.

El criterio de falsabilidad de Popper ha experimentado en las últimas décadas un reconocimiento excesivo como criterio de demarcación científica contra el que es preciso precaverse. Este criterio, como es sabido, propugna que el carácter o valor científico de una propuesta reside en su capacidad para poder ser falsada a través de la verificación empírica. En realidad este criterio solamente opera de forma plenamente consistente en relación a las ciencias experimentales, es decir, en relación a las propuestas que pueden enfrentarse a un experimento crítico que habrán de superar para confirmar o para refutar la teoría. Una insuficiente comprensión de las diferencias entre ambas clases de disciplinas científicas llevó a muchos, entre ellos el mismo Popper, a propugnar la falta de carácter científico de la Teoría de la Evolución, ya que no podía ser contrastada experimentalmente. Aunque Popper corrigió sus afirmaciones al respecto devolviendo a tan importante teoría el reconocimiento de su valor científico no es evidente que hubiera comprendido plenamente la razón de su error. Esa razón no es otra que el abuso que habitualmente se hace del valor y significación de su famoso criterio de demarcación.

Las disciplinas de carácter histórico por su propia naturaleza no pueden valorarse por el criterio de falsabilidad. El método abductivo nos invita a realizar hipótesis que no pueden ser directamente sometidas a un experimento crítico y ello tiene dos consecuencias importantes. La primera es que la verificación de las teorías de origen hipotético sólo puede hacerse mediante la constatación de condiciones o consecuencias accesorias, es decir, de forma indirecta. Cuando verificamos una consecuencia que implica necesariamente la causa imaginada, es cuando podemos obtener el mayor grado posible de verificación. Si verificamos la existencia de humo, podemos inferir su causa en el fuego. Un ejemplo paradigmático de verificación indirecta es el hallazgo de la radiación cósmica de fondo que consolidó la hipótesis del Big-bang como la propuesta más razonable en torno al origen del Universo. La segunda consecuencia es que el grado de certeza que podemos tener en torno a las hipótesis históricas es necesariamente mucho menor que la que nos proporciona el método inductivo en relación a las ciencias experimentales, y por supuesto infinitamente menor que la que nos proporciona el método deductivo del silogismo lógico propio de las matemáticas finitas, por ejemplo.

Eso hace que la pretensión imperiosa, tan cacareada y ampliamente difundida, de que se reconozca a la hipótesis evolutiva el rango máximo de certeza, como a la ley de la gravedad, o el grado de evidencia propio de la redondez de la Tierra deba ser seriamente rechazada. O bien nos limitamos a entender por hecho evolutivo un concepto tan amplio y ambiguo como el "cambio en el tiempo" de las formas vivas, o si pretendemos entender por evolución, la transformación de unas especies en otras y la ascendencia común única de todas las formas vivas, entonces tendremos que conceder el alto carácter especulativo de las hipótesis involucradas en la propuesta; un carácter especulativo que no implica la falta de verosimilitud, sino la imposibilidad de la certeza.

Asociado al criterio de falsabilidad, a menudo se pretende que el carácter científico de una propuesta se refiere a su capacidad para hacer predicciones; se dice por ejemplo que la teoría de la Evolución "predice" el hallazgo de tal o cual fósil, o que el DI "predice" el hallazgo de funcionalidad en el ADN "basura". Creo que a menudo se utiliza el término predicción de forma incorrecta. En mi opinión, sería más acertado restringir el término predicción para los experimentos críticos de falsación propio de las ciencias experimentales y dejar para las ciencias históricas el reconocimiento de su método específico de trabajo con un estudio riguroso de las condiciones, circunstancias y limitaciones propias del razonamiento hipotético o abductivo, tal como lo desarrollara a finales del siglo XIX el notable filósofo norteamericano, impulsor de la lógica y la semiótica, Charles Sanders Peirce.

EVOLUTION IS A FACT!! Un error epistemológico

Hay una cita de Bertrand Russell que no tiene desperdicio. Nos habla de la naturaleza de nuestros errores y como consecuencia nos enfrenta de pleno a uno de los más difundidos y más pertinazmente reivindicados en las últimas décadas: "Evolution is a fact!!"

Vayamos con la cita de Russell:

> "Error no es únicamente el error absoluto de creer verdadero lo que es falso, sino también el error cuantitativo de creer más o menos firmemente de lo que está garantizado por el grado de credibilidad apropiado a la proposición creída en relación al conocimiento del sujeto. Un hombre que está plenamente convencido de que un determinado caballo ganará una carrera está en un error incluso si el caballo la gana."

Bertrand Russell, *Evolution is a fact!!*

Una de las imposiciones más injustificadas de las últimas décadas por parte de nuestra comunidad científica a la sociedad "laica" (si se me permite la expresión) ha sido la reivindicación exagerada del carácter de certeza atribuido al hecho evolutivo. Se nos ha dicho de forma permanente que el grado de conocimiento que teníamos con relación a tal hecho es comparable a la firmeza con la que percibimos la consistencia de la ley de la gravedad o la redondez de la Tierra. Se nos ha dicho, como en el libro *Evolución* de Dobzhansky, Ayala y otros, que la evolución debe ser considerada como un hecho "inexpugnable". Y por supuesto, se nos ha exigido creer que las causas y mecanismos del hecho evolutivo habían sido perfectamente establecidas por Charles Darwin de una vez y para siempre. Amén.

Lo más destacado de esta situación es que la comunidad científica reivindica en paralelo y de forma permanente que la ciencia se distingue de la religión precisamente en el carácter dogmático de esta y en que lejos de proporcionarnos certezas apodícticas, la ciencia nos ofrece soluciones y propuestas permanentemente sujetas a revisión. La duda—decía Sagan—fue la primera gran virtud del hombre y su primer gran error la fe. Una afirmación más que discutible pero que pone de manifiesto la reivindicación de un ámbito de incertidumbre propio del conocimiento científico y la constatación de que la convicción acendrada e inamovible pertenece más bien al ámbito de la religión.

Por supuesto todo ello resulta aplicable a todas las disciplinas científicas menos a una: la biología evolutiva. Lejos de acercarnos al fascinante hecho del cambio de las formas vivas a lo largo del tiempo con prudencia y humildad, como corresponde a cualquier labor científica, la comunidad científica internacional, con Sagan por supuesto a la cabeza, ha venido reclamando un status de máxima certeza para la teoría darwinista de la evolución y por extensión para las conclusiones metafísicas que de ella se derivan.

Tal como Russell puso de manifiesto, esto es un error, y lo es aunque el caballo terminase ganando la carrera. Bien es verdad que en este caso, el caballo, aquejado de parálisis motriz parece relegado a los últimos puestos de la competición. Me refiero por supuesto al darwinismo como teoría explicativa de un hipotético proceso evolutivo cuya reivindicación, en términos de probabilidad, es más que legítima, pero cuyos mecanismos y causas desconocemos. En todo caso, la naturaleza y fuerza de nuestras convicciones en torno a la realidad debe de tener muy en cuenta las limitaciones de nuestra condición y los límites metodológicos y fácticos de nuestra capacidad de conocer. La falibilidad de nuestras percepciones, las exigencias del método científico, el rigor de la lógica formal, todo ello contribuye a matizar la credibilidad de nuestras opiniones en torno a la realidad material que nos alberga.

Existen distintas disciplinas científicas y a cada una le corresponde un método y un cierto estatus epistemológico. Así por ejemplo existen ciencias experimentales y ciencias históricas. Dentro de las ciencias experimentales existen algunas, como la biología, que se sustentan en la observación directa del mundo real. Otras, como la física, se basan en la inducción, es decir, la generalización de leyes a partir de datos verificados de la realidad. Por último, el evolucionismo es una teoría que se sustenta principalmente en la paleontología y por su carácter histórico carece de la capacidad de experimentación y verificación de las anteriores. Por eso, sus propuestas resultan especialmente vulnerables y por eso, precisamente, el debate sobre los orígenes resulta más conflictivo que ningún otro ante la dificultad inherente al mismo de adquirir convicciones poderosas en torno a los hechos objeto de estudio.

El filósofo norteamericano Alvin Platinga ha dedicado algunos de sus trabajos a recordarnos la necesidad de distinguir entre creencia y conocimiento. Convertir una creencia en verdadero conocimiento precisa lo que Platinga ha denominado *"warrant"*, un término que, quizás, en este contexto bien podríamos traducir por aval. Pero en el campo de las ciencias históricas y en el caso específico que nos ocupa, adquirir convicciones suficientemente "avaladas" en torno al devenir, emergencia y transformación de las formas biológicas es algo que, al menos hoy, queda muy lejos de nuestras posibilidades. Amplios conocimientos de biología quedan todavía lejos de nuestro alcance. Deberemos primero profundizar en el desentrañamiento de los misterios de la vida, muchos de los cuáles nos son en estos momentos tremendamente esquivos. Sólo cuando hayamos adquirido un conocimiento que consideremos suficiente a través de la observación y el desarrollo de la biología estaremos en situación de aventurar hipótesis más fiables en torno al misterio de los misterios: la vida.

Entretanto, yo no apostaría a caballo ganador; tomemos asiento, pongámonos cómodos y disfrutemos de la carrera sin sobresaltos.

La Evolución como Proceso

"Change over time", es decir, el cambio a lo largo del tiempo; ésta es quizás la definición menos comprometida y por lo tanto la más pacíficamente aceptada del término evolución. Pero el estudio de las circunstancias de ese cambio nos puede aportar intuiciones muy valiosas sobre la significación, el origen y el sentido (si es que hay alguno) del mismo. Para los darwinistas, la evolución es una sucesión de eventos inconexos que carecen de finalidad, que por lo tanto no tienen sentido ni propósito, y en relación a los cuales resulta inadecuado hablar de "progreso". Frente a esta interpretación, otros autores han defendido que la evolución de los organismos vivos se entiende de forma mucho más razonable si la interpretamos como un proceso, es decir, como el conjunto de las fases sucesivas de un único fenómeno natural.

Un proceso es lo contrario de una sucesión fortuita de eventos. Los eventos que se suceden en el tiempo de manera inconexa e interdependiente, difícilmente pueden producir, por acumulación o solapamiento, resultados funcionales eficaces; por el contrario, no arrojarían sino caos y desorden. Un proceso, en cambio, es una sucesión de acontecimientos conectados o interdependientes entre sí, capaces de ir encadenando mejoras o de hacer emerger resultados funcionales de forma no casual sino en respuesta a un plan preconcebido. Hablamos de procesos por ejemplo, en la línea productiva de una factoría.

Lo que conviene es indagar si la forma en que se produce el evento evolutivo (cambio en el tiempo) se acomoda mejor a la idea de proceso o a la idea de sucesión fortuita y caótica de acontecimientos. Para los darwinistas esta segunda opción se asume como un dogma, no es que se desprenda del estudio de los datos que arroja la paleontología, es que se recibe como un prejuicio que no debe ser cuestionado. Sin embargo, muchos autores, y de forma especialmente relevante el gran zoólogo francés Pierre-Paul Grassé, han estudiado el sentido del cambio de la vida en el tiempo, y de los datos que la ciencia nos aporta han sentido la necesidad de interpretar la evolución indiscutiblemente como un proceso. Dice Grassé que el poder creativo de la Vida es inmenso y básicamente se traduce en la capacidad de *"procesar información en una determinada dirección, y quizás, hacia un objetivo determinado".* (L´évolution du vivant 1973)

Los hechos a los que nos enfrentamos tienen características que apuntan ineludiblemente hacia la idea de "proceso". Podemos no querer verlos, pero eso no va a cambiar la realidad. La evolución no es un hecho azaroso sino ordenado, no supone variaciones incoherentes, sino que responde a claras y bien definidas tendencias que se van haciendo evidentes y perfeccionándose a lo largo del tiempo. Hay "reglas" que definen el proceso, y de no ser así, dice Grassé con gran lucidez, la evolución no podría ni siquiera ser objeto de estudio científico; si acaso, de un recuento meramente estadístico de sucesos.

El factor más principal que define la evolución como proceso es el acrecentamiento de la complejidad de los organismos vivos en el tiempo. Y esto es algo que los sucesivos hallazgos en el registro fósil han ido sustentando de manera puntual. Hay una relación exacta entre el grado de complejidad de un organismo y su fecha de aparición en la historia de la vida. Además, los diferentes sistemas funcionales biológicos se han ido perfeccionando y completando hasta presentar la sorprendente complejidad que exhiben en los organismos superiores actuales de manera progresiva y paulatina, no exenta por supuesto, de saltos discretos que el gradualismo darwiniano nunca ha podido explicar.

Otro dato enormemente significativo es que los caracteres que definen los rasgos propios de las grandes clasificaciones taxonómicas aparecen de acuerdo con un modelo y una secuencia ordenada en el tiempo. En primer lugar, todos los grandes phyla quedaron perfectamente establecidos hace algo más de 500 millones de años en lo que se conoce como la explosión del Cámbrico. Después de aquel evento único y nunca esclarecido (el registro fósil no arroja antecedentes u organismos precursores de los planes morfológicos bruscamente aparecidos) los distintos organismos quedaron determinados para siempre en su camino evolutivo. Pueden haber sido objeto de variaciones posteriores pero siempre en el marco del cuadro morfológico ya adquirido. De igual forma podemos establecer que las variaciones que establecieron nuevas clases quedaron perfectamente definidas en el Jurásico (siendo las últimas en concretarse las aves y los mamíferos) y que los órdenes, más tardíamente concretados, se remontan al Paleoceno.

De esta forma, es evidente que los cambios en el proceso evolutivo en tiempos recientes, se reducen a episodios de detalle, es decir a casos de especiación, dando lugar a la expansión de la segunda gran tendencia del proceso evolutivo, la expresión de la riqueza y la diversidad a partir de planes corporales ya perfectamente establecidos. Desde hace ya mucho tiempo, las reorganizaciones profundas del genoma de los seres vivos que dieron lugar a las categorías superiores no han vuelto a acontecer y, desde luego, no se les espera. Es indudable que la evolución ya no opera como en el pasado y no esperamos que sucesos fortuitos no guiados puedan darnos alguna sorpresa al respecto. Da la impresión de que la evolución es un proceso de gran riqueza y exquisita perfección en el que la complejidad extraordinaria de los seres vivos más perfectos (y de entre todos ellos, por supuesto, cabe destacar al hombre como paradigma de perfección biológica en su condición única de ser racional), se ha ido concretando en el tiempo a través de sucesos perfectamente ordenados y encaminados a un fin. Hay un "timing" en el hecho evolutivo, hay momentos puntuales en los que se han ido concretando los distintos soportes estructurales que han amparado posteriormente la expansión de la diversidad biológica.

Es como si todo el proceso obedeciera a un designio magníficamente concebido y deslumbrantemente ejecutado; como si todo el proceso obedeciera al diseño y a la voluntad de una suprema inteligencia.

Son muchos los datos que nos proporciona la biología que nos invitan a considerar la historia de la vida (si se prefiere, la evolución) como un proceso, es decir, como un encadenamiento de eventos que adquieren sentido los unos en relación a los otros, y todos en relación al estado final de la biota y el ecosistema actual que conocemos. Un proceso caracterizado por el incremento constante en la complejidad estructural y el psiquismo de los seres vivos más avanzados. Algunos pasos en este proceso resultan especialmente llamativos y difícilmente concebibles como eventos fortuitos, como episodios en una sucesión de acontecimientos no guiados a propósito alguno, tal como preconiza el naturalismo materialista dominante.

Uno de ellos es la aparición de los organismos heterótrofos, es decir, de organismos que perdieron, en un momento dado, su capacidad para la realización de la fotosíntesis, que supone el paso esencial de transformación de la energía solar en materia orgánica, y se vieron por tanto obligados a subsistir merced al aprovechamiento de las síntesis efectuadas por los organismos autótrofos presentes en su hábitat. La historia oficial nos presenta esta pérdida como una mutación fortuita que elimina los cloroplastos o que actúa en contra de la síntesis de clorofila. Conocemos que numerosas algas unicelulares son capaces de vivir como organismos autótrofos o heterótrofos dependiendo de las condiciones ambientales; es decir, presentan una ambivalencia que resulta imprescindible como paso previo para la supervivencia de los organismos que pierden su capacidad de realización de la fotosíntesis, como consecuencia, quizás, de alguna forma de mutación accidental.

Pero esta condición mixotrófica implica determinados requisitos, nada simples ni fáciles de adquirir por otra parte. En concreto, estos organismos deben estar equipados con un auténtico arsenal enzimático y sus membranas deben presentar determinadas propiedades (como permeabilidad), en el momento de cambiar de su naturaleza autótrofa a la heterótrofa. Esto es imprescindible para poder aprovechar como alimento los restos de la materia orgánica producida por los seres autótrofos. Los nuevos elementos han perdido una facultad, la fotosíntesis, pero previamente han debido de adquirir otras que requieren la presencia de gran cantidad de enzimas y largas cadenas de reacciones químicas.

Para muchos autores, y en concreto nos remitiremos de nuevo a Grassé, este arsenal enzimático puede ser descrito como "preadaptativo" y sólo puede ser adquirido como consecuencia de una mutación "premonitoria". Lo esencial es que muchas enzimas están involucradas en el cambio lo que dificulta que pueda ser contemplado como el resultado de una única variación. Las enzimas que intervienen en el fenómeno heterótrofo afectan no a uno sino a múltiples genes y además tienen efectos complementarios las unas en las otras, lo que otorga al sistema una interdependencia y una complejidad muy sospechosas.

Aparentemente, el cambio en la condición de seres autótrofos a heterótrofos en algunos organismos parecería poder ser descrito como casual, sin embargo tiene que haber sido precedido por una evolución invisible, no justificada por su superior capacidad adaptativa en el momento de su adquisición. Se diría más bien, que nos encontramos ante pasos sucesivos y bien meditados de un proceso que se ajusta a la consecución de un resultado determinado.

Son muchos los ejemplos que Grassé nos proporciona en "L'évolution du vivant" de casos de evolución aparentemente bien programada. Por ejemplo la acumulación en el tiempo de los rasgos esenciales que definen a la clase de los mamíferos. Para Grassé a lo largo de los rastros que la paleontología nos ofrece, se presenta una progresiva acumulación de caracteres que conforman la naturaleza de los mamíferos, en un proceso claramente "orientado". Además, muchos de los cambios observados exigen una coordinación en el evento evolutivo, es decir, suponen la transformación contemporánea de rasgos relacionados o dependientes entre sí, como es el caso de los cambios sobrevenidos en la dentición y al mismo tiempo en los músculos maxilares. Son cambios o transformaciones perfectamente ordenadas (no se cansa de repetirlo Grassé), nunca accidentes ocurridos de forma caótica.

La evolución creativa, se nos ofrece por tanto en la Naturaleza como un proceso perfectamente distinguible de la mutagénesis. Las mutaciones al azar no pueden explicar la transformación coordinada de diferentes órganos de un ser vivo al mismo tiempo. Las mutaciones fortuitas no pueden construir ni generar nuevas formas o nuevas funciones. Ni pueden explicar la emergencia coincidente de estructuras similares en lugares apartados y distantes del planeta: la misma estructura fundamental de los mamíferos apareció en un momento dado y al mismo tiempo en Asia, Sudáfrica, Sudamérica, en definitiva en entornos, ambientes y condiciones climáticas diversas y geográficamente muy distantes.

Pero entonces, ¿es el neo-darwinismo un paradigma científico?

Eva Jablonka y Marion J. Lamb firman el artículo "Transgenerational Epigenetic Inheritance" contenido en el libro "Evolution: the extended synthesis". Al comienzo del mismo las autoras realizan un resumen de las propuestas que definen, en el seno de la Síntesis Moderna o neo-darwinismo, una teoría de la herencia, para darnos cuenta a renglón seguido de cómo todas las ideas inicialmente concebidas en el paradigma se han visto superadas o sencillamente rebatidas por el avance en el conocimiento científico.

Los elementos inicialmente conformadores de la síntesis eran los siguientes:

1. Los genes son unidades discretas de ADN ubicados en cromosomas y las variaciones heredables son el resultado de modificaciones en la secuencia de bases de dicho ADN.
2. Dichas variaciones ocurren por azar, son accidentales.
3. El proceso de evolución es gradual, no hay discontinuidad entre micro y macro-evolución.
4. La unidad evolutiva es el gen, es decir, la evolución es el efecto de la acumulativa adición de efectos adaptativos derivada de la variación en la estructura de los diferentes genes.
5. Así, las novedades morfológicas son el efecto directo de dicha acumulación, a lo largo del tiempo, de variaciones beneficiosas.
6. La selección actúa sobre los individuos aislados en virtud de su concreta capacidad para la supervivencia y la reproducción; no actúa sobre especies en su conjunto.
7. La evolución ocurre mediante modificaciones en el proceso vertical de descendencia de un antecesor común, los episodios de transferencia genética horizontal (TGH) no tienen peso en el proceso.

Las autoras declaran que todos y cada uno de estos puntos son, en la actualidad, cuestionados por la ciencia. No me detendré en detalle en su exposición pero sí resaltaré que, aparentemente, la naturaleza de las variaciones desborda ampliamente el modelo inicial incluyendo repeticiones, transposiciones, indudables episodios de TGH de origen bacteriano y viral, activaciones y desactivaciones heredables de la expresión génica, etc. Como consecuencia parece razonable pensar que la macroevolución (es decir, en realidad el proceso evolutivo stricto sensu) podría haber tenido un carácter saltacional mediante profundos cambios en el fenotipo, originados quizás por situaciones de acusado estrés, inductoras de mecanismos de mutaciones "sistémicas" capaces de "remodelar" el genoma en su conjunto.

Para muchos autores (Grassé, Behe, Sandín, por citar algunos nombres) esta discrepancia profunda entre lo que se pensaba y lo que se conoce sólo puede ser interpretada como una anomalía insalvable que exige la formulación de un paradigma nuevo. Para la mayoría de los proponentes de la "Extended Synthesis" por el contrario, cualquier discrepancia por profunda que sea con el modelo tradicional debe ser reconducida a una formulación más flexible del mismo sin que nada de ello cuestione su valor originario. No existen a la hora actual discrepancias importantes entre unos y otros sobre los datos que la evidencia empírica nos proporciona. Por lo tanto, la desavenencia sobre si dichos datos encajan o no en el modelo explicativo de la vida y de la evolución que hemos conocido durante décadas sólo puede radicar en la diferente comprensión del modelo en cuestión por parte de unos y otros. La diferencia es evidente y sustancial; para algunos, el modelo explicativo debe de entenderse como un modelo estrictamente científico, en el sentido que Kuhn confiriera al término paradigma en su imprescindible "La Estructura de las revoluciones científicas". Para los partidarios del neo-darwinismo, este hace ya mucho tiempo que dejó de ser un paradigma científico para elevarse, desbordando el sentido primigenio del concepto, a la categoría de paradigma metafísico en cuyo seno cabe cualquier alternativa de mecanismos biológicos de cambio, por contradictorios que pudieran parecer.

El abandono del sentido científico del paradigma es ya un hecho innegable y eso explica muchas cosas. Para sustentar mi afirmación me remitiré a dos ejemplos relevantes de autores conspicuos representantes del neo-darwinismo imperante: por un lado el biólogo español Francisco Ayala; por otro, el impulsor de la llamada "Extended Synthesis" Massimo Pigliucci.

De entre los trabajos últimos de Ayala quiero resaltar de nuevo uno especialmente revelador. Repito los siguiente: el título del trabajo es altamente significativo: "Darwin´s Greatest Discovery: design without designer", un artículo publicado en la prestigiosa revista PNAS con fecha 15 de Mayo de 2007 y en el que Ayala pretende otorgar a la obra de Darwin un valor filosófico más que científico. Ayala intenta así desviar la atención de la falta de consistencia científica del darwinismo al presentarlo, no como una propuesta estrictamente científica, sino como una aportación de tipo filosófica, lo que pretendidamente resiste mejor las críticas rivales basadas en la inconsistencia de las verificaciones empíricas de la propuesta. Ayala se manifiesta explícitamente en este sentido en el trabajo y dice algo que no puede sino hacernos desembocar de nuevo en el desconcierto y la estupefacción: que para Darwin, de hecho, encontrar evidencia científica que soportara su tesis era una preocupación secundaria. Y añade el siguiente comentario:

> "El origen de las especies" es, más que ninguna otra cosa, un constante esfuerzo para resolver el problema de explicar el diseño de los organismos, su complejidad, diversidad y maravillosa organización como resultado de procesos naturales. Darwin saca a colación la evidencia de la evolución porque la evolución es una consecuencia necesaria de su teoría de diseño".

> Francisco Ayala, *Darwin´s Greatest Discovery:*
> *design without designer*

Veamos otro ejemplo: en su artículo de 2009 "An Extended Synthesis for Evolutionary Biology" Pigliucci manifiesta que no existe cambio alguno de paradigma en el sentido otorgado al término por Kuhn, y que el único cambio de paradigma importante que ha existido en el mundo de la biología es el que se produjo con la obra de Darwin al rechazarse el modelo imperante basado en el concepto de un diseño inteligente en la Naturaleza popularizado por Paley. Así por lo tanto, también Pigliucci piensa que lo que caracteriza al modelo reinante, el neo-darwinismo, es en definitiva lo que Ayala califica de "diseño sin diseñador"; la existencia de diseño es innegable en los seres vivos, pero no de un diseño fruto de un proceso intencional sino un diseño fortuito consecuencia de la emergencia por azar de fascinantes y complejísimas formas vivas. Así pues, si asumimos que lo esencial del modelo es la explicación causal en términos metafísicos (el azar, y la ausencia de finalidad) se hace comprensible la capacidad del paradigma para digerir cualquier anomalía que se presente en el campo de las evidencias empíricas con relación al discurso estrictamente científico inicial. Cualquier hallazgo científico, por discrepante que sea con el modelo preconizado, bastará con ser interpretado en términos filosóficos como un hecho casual para poder ser incorporado al modelo dominante sin necesidad de conceder un cambio de paradigma.

No parece una propuesta de recibo. En mi opinión es una impostura que debe ser denunciada y sobre ello me extenderé.

Decíamos que lo que caracteriza al paradigma neo-darwinista en los últimos tiempos es la paulatina abstracción de su significado inicial hasta convertirse en una justificación naturalista de cualquier modelo mecanístico que la investigación científica nos ofrezca. Por supuesto este planteamiento es un fraude intelectual sin precedentes en la historia del pensamiento científico. En primer lugar porque supone una perversión del sentido original kuhniano de la idea de paradigma científico como un modelo explicativo de los hechos verificables empíricamente, sujeto a los condicionantes propios del método experimental. Para Kuhn un paradigma es una propuesta explicativa concreta para determinados fenómenos observables, como por ejemplo los cálculos de Tolomeo sobre la posición de los planetas o la matematización del campo electromagnético de Maxwell. El modelo neo-darwinista puede aspirar a ser reconocido como un paradigma científico sólo en la medida en que delimite sus formulaciones explicativas o interpretativas de la realidad a fenómenos observables susceptibles de ser verificados experimentalmente. Si asignamos al neo-darwinismo un sentido de paradigma referido exclusivamente a sus implicaciones científicas es indiscutible que el modelo ha colapsado por completo hace ya tiempo. En segundo lugar, es un fraude porque las consecuencias filosóficas deben derivarse de los hechos científicos relevantes y no a la inversa. Me explicaré.

El paradigma neo-darwinista se ha convertido a estas alturas en un simple prejuicio naturalista. El camino inicial para la consolidación de tal prejuicio es fácilmente rastreable: si las mutaciones que producen las variaciones morfológicas sobre las que descansa el proceso evolutivo pueden ser explicadas como efecto del puro azar, entonces (y sólo entonces) la reivindicación de un universo sin propósito ni finalidad en el que la aparición de las novedades morfológicas no obedece a designio o intencionalidad alguna tiene sentido. Cualquiera que sea el papel de la selección natural en el proceso, recordemos que ésta no puede responsabilizarse de la emergencia de la novedad sino únicamente de su generalización en el seno de una población dada. En este contexto cualquier intervención sobrenatural sería perfectamente superflua y el naturalismo ontológico quedaría consagrado como explicación de la realidad. Las interpretaciones filosóficas se deducen del conocimiento científico previo, y además no forman parte del paradigma científico que las soporta. Por supuesto este discurso supone la previa elevación de la idea de azar a la categoría ontológica de "causa natural", una propuesta en la que destacó de manera especial el francés Jacques Monod autor del muy célebre libro "El azar y la necesidad". Pero esta propuesta no es sino una nueva impostura, el azar no es ni puede ser nunca causa de nada; el azar no es, tal como afirmara Poincaré, sino la medida de nuestra ignorancia sobre la causa o la conjunción de causas que explicarían en su totalidad un fenómeno dado.

De todos modos lo que ahora se nos ofrece es algo bien distinto. Una vez asumido el naturalismo ontológico como un dato de partida, haciendo caso omiso de su presencia en el discurso como conclusión derivada, se condiciona la interpretación de cualquier hecho científico nuevo bajo el manto del prejuicio filosófico así consagrado. La emergencia de novedades biológicas por mecanismos esencialmente diferentes de los inicialmente propuestos se asume como una cuestión incidental, los defensores del paradigma se parapetan tras la extrapolación del papel de la selección natural (de nuevo de forma fraudulenta) a tareas esencialmente creativas consagrando así una fuerza directiva que pueda mantener el discurso de un recuento histórico del proceso evolutivo como una sucesión de eventos carentes de una finalidad trascendente.

Lo que procede es reconocer la existencia de hechos claramente dispares con el modelo preconizado y a partir de ahí razonar en torno a las posibles causas del proceso. Pretender que las imperceptibles variaciones que pudieran soportar un proceso evolutivo esencialmente gradualista y filtrado por hipotéticos mecanismos de selección natural pueda ser la base de la inferencia filosófica de un mundo sin propósito ni finalidad es, hasta cierto punto, comprensible. Pero que un modelo evolucionista de carácter esencialmente saltacional, sustentado por modificaciones sistémicas y reorganizaciones profundas del genoma, pueda explicarse fuera de un contexto de designio y de diseño es difícilmente sostenible. La aparición brusca de sistemas biológicos funcionales irreductiblemente complejos, por ejemplo, no puede ser interpretada impunemente como un hecho casual. El paradigma científico de una evolución gradualista, basado en el simplista expediente de la acumulación de variaciones fortuitas, parece tener que ser definitivamente revisado; y como consecuencia de ello, las implicaciones filosóficas del proceso también.

Capítulo III

MICRO, MACRO Y MEGA EVOLUCIÓN
Cristian Aguirre

¿Hasta dónde el Diseño Inteligente coincide con las propuestas de la Teoría sintética y donde empieza su disentimiento? Una adecuada definición de los términos que titulan este capítulo pueden aclarar malos entendidos y darnos una mejor comprensión de la respuesta a este interrogante.

Según algunos textos de biología la definición de los mismos es aproximadamente la siguiente:

La microevolución comprende cambios producidos dentro de una especie que no resultan en variaciones radicales de morfología y dan origen a nuevas razas.

La macroevolución implica cambios morfológicos que sumados a la especiación generan nuevas especies dentro de un género o familia. Este tipo de evolución no implica cambios estructurales radicales constituyentes en nuevos órganos o planes de diseño funcional nuevos, sino más bien en cambios morfológicos más avanzados que los microevolutivos.

La megaevolución en cambio implica la aparición de grupos taxonómicos superiores, es decir, planes de diseño animal radicalmente diferentes.

Estas definiciones son, sin embargo, ambiguas porque si bien delimitan los alcances de cada una de ellas no especifican con claridad que mecanismos concurren para producirlas. Es sobre estos mecanismos lo que se desea tratar en este artículo a fin de conseguir una mejor comprensión y definición de las mismas.

Para empezar a tratar estos conceptos habría que empezar definiendo qué elementos y procesos definen la morfología estructural biológica y como estos pueden cambiar o mutar para producir cambios en él y evaluar hasta donde pueden llegar estos cambios.

Antes es necesario reconocer tres agentes distintos de cambio que en su resultado funcional o morfológico puede sufrir cualquier estructura funcional incluidas las biológicas. Ellos son los cambios paramétricos, los cambios de función y los cambios estructurales.

Para explicarlo de manera sencilla usaremos un pequeño algoritmo a fin de mostrarnos con claridad cómo trabajan estos tres agentes:

Largo = 100
Ancho = 35
Área = Largo * Ancho
Mostrar Área

Los parámetros están representados por las variables 'Largo' y 'Ancho', la función está representada por la fórmula del Área y la estructura es el propio algoritmo.

Ahora analicemos con mayor detenimiento que es lo realmente paramétrico, funcional y estructural en este programa. Si por error escribimos 46 en lugar de 35; ¿sucederá algo anómalo? No, el programa simplemente reportará un valor distinto de la variable Área. Lo que habrá sucedido es un cambio paramétrico. Pero si por error escribimos '+' en lugar de '*' el programa no reportará el área correcta, funcionará mal para la función "área" y ello debido a un cambio de función.

Como se observa, las consecuencias de ambos cambios tienen un efecto diferente. El primero simplemente causó una salida distinta, aunque correcta. El segundo, por el contrario, generó una salida errónea.

El tercer agente implica un tipo de cambio más radical que implica la viabilidad funcional de una estructura. Si por ejemplo, el símbolo '=' es omitido en cualquiera de las 3 líneas, el interprete de comandos del sistema de computo no sabrá interpretar la sentencia y remitirá un mensaje de error abortando la ejecución del programa. Los que trabajan en tareas de programación saben lo devastador que puede ser un simple error de este tipo, conocido como "error de sintaxis". No paso lo mismo cuando se realizó el cambio del símbolo '*' por '+', no abortó el programa y, aunque reporto un resultado erróneo, funcionó. Sin embargo, cuando la estructura del algoritmo fue alterada se produjo un cambio estructural que deshabilito la capacidad del algoritmo de producir función alguna. Por esta causa se abortaron dos misiones espaciales a Marte, la misión Fobos Norteamericana y la misión Mars de la ex Unión Soviética. En cuanto a la primera se detectó que el fallo de programación consistió en la omisión de un paupérrimo guión algo que bastó para arruinar una misión científica de muchos millones de dólares.

El gen llamado p53 es otro caso semejante. Este gen tiene por misión detener la formación de tumores en la célula. Lo logra del siguiente modo: Cuando la radiación ionizante o un químico cancerígeno daña el ADN de una célula, las señales de alerta de ésta activan a dicho gen para producir más proteínas p53. Estas, en base a tener la morfología espacial necesaria para conectarse con las zonas reguladoras de los genes responsables de iniciar el proceso de inhibición de la duplicación celular, detienen el desarrollo del tumor hasta que la célula pueda repararse a sí misma o, de un modo más radical, activar el sistema de destrucción celular. Sin embargo, si a causa de un agente carcinógeno cambia en un nucleótido del gen tan sólo una letra del mismo, como podría ser una G por T o una C por A, pueden suceder tres tipos de cambio:

En el primero no sucederá nada produciéndose así una mutación silenciosa. Esto es debido a que los aminoácidos están codificados de forma redundante permitiendo así que varias combinaciones parecidas de codones determinen un mismo aminoácido y en este caso el cambio sigue codificando el mismo. Siendo un caso de cambio paramétrico.

En el segundo caso el cambio ya no codificará el mismo aminoácido, sino otro diferente, será entonces una mutación de cambio de sentido. Siendo un caso de cambio funcional.

En el tercer caso, se puede producir un cambio que no codifique otro aminoácido sino una señal de terminación (Stop). Cuando esto suceda se producirá una mutación sin sentido equivalente a todos los efectos al cambio del símbolo "=" en el ejemplo del programa. Siendo un caso de cambio estructural.

Sólo en los dos últimos casos el gen mutante generará una proteína p53 no funcional debida al cambio estructural no viable que hará inútil su función antitumoral. Vistos estos conceptos analicemos estos 2 casos:

Caso 1: Dos estructuras A y B tienen la misma función pero parámetros distintos. Se da que B tiene ventaja funcional con respecto A por lo cual prevalece en la selección natural sobre A.

Caso 2: Dos estructuras A y B tienen funciones distintas. Se da que B tiene ventaja funcional con respecto a A por lo cual prevalece en la selección natural sobre A.

Como se observa, en ambos casos B tiene ventaja funcional con respecto a A. La diferencia estriba en la naturaleza de dicha ventaja.

Nótese que no menciono un tercer caso en el cual A o B tenga daño estructural porque es obvio que prevalecerá aquel que no tenga ningún daño estructural. Salvo algún caso excepcional como veremos más adelante.

Vistos estos 3 agentes podría hacerse la siguiente pregunta:

¿Estos tres agentes no podrían definir matemáticamente a los tres tipos de evolución antes aludidos? O dicho de otro modo ¿No podría la microevolución basarse en cambios paramétricos del genoma, la macroevolución basarse en cambios de función de desarrollo morfológico a través de cambios paramétricos en el epigenoma, y la megaevolución basarse en cambios y adiciones en la zona estructural del genoma?

Para responder a estas preguntas debemos antes analizar, de acuerdo a lo que hemos visto antes, dónde se generan estos cambios o, dicho de otra forma, si se producen sobre elementos paramétricos, funcionales o estructurales.

Recordemos que la cadena de ADN es una compleja secuencia de varios elementos de los cuales los más destacados responsables son los genes codificadores de las proteínas y ARNs, como también, como más adelante veremos, las zonas reguladoras.

Todos los seres de una misma especie comparten una mayoría importante de información común, lo cual es lógico porque es la necesaria para su operatividad y desarrollo estructural, y otra parte más pequeña que concierne a la zona paramétrica de la cual resulta la variabilidad morfológica hallada entre los seres de una misma especie. A este tipo de información variable se la conoce como "variabilidad genética". ¿Cómo surge en una especie este reservorio de variabilidad? Veamos como lo explica Francisco J. Ayala en su artículo "Mecanismos de la evolución":

> "*Parece claro, por tanto, que frente a la concepción de Darwin, la mayoría de la variabilidad genética existente en las poblaciones no surge en cada generación por mutaciones nuevas, sino por la reordenación mediante recombinación de las mutaciones acumuladas con anterioridad. Aunque la mutación sea la causa última de la variabilidad genética, constituye un suceso relativamente raro. Suponiendo únicamente algunas gotas de alelos nuevos en el depósito*

mucho más grande de la variabilidad genética almacenada. La recombinación es en realidad suficiente por sí sola para permitir a una población que exponga la variabilidad escondida durante muchas generaciones, sin necesidad de un nuevo aporte genético mediante la mutación".

Francisco Ayala, *Mecanismos de la Evolución*

Como vemos es la recombinación, más no la mutación, el verdadero motor de la adaptabilidad de las especies al entorno. Las mutaciones, en cambio, contribuirán al aumento de la variabilidad genética en la medida de que estas se produzcan en la zona paramétrica del genoma más no en la zona estructural donde los mutantes serán por necesidad inviables como resulta en la inmensa mayoría de casos.

Para entender mejor este proceso analicemos la siguiente figura:

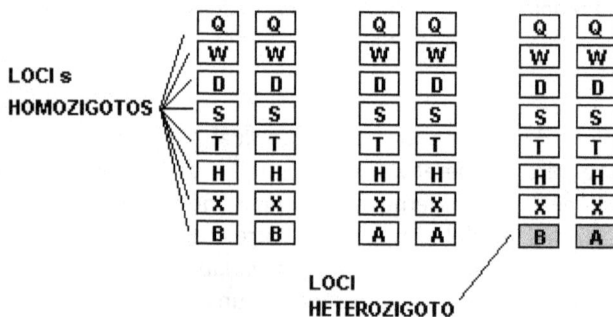

En ella vemos representados 3 sectores cromosómicos de 3 seres distintos de una misma especie. En ellos cada letra del alfabeto representa un gen específico. Al conjunto de todos estos genes posibles se les denominan alelos. Notamos que cada ser dispone de un par de genes para cada posición específica de un gen llamada loci, y ello, además de aportar una redundancia en la medida qué, sí se nos estropea un gen tendremos otra copia de repuesto, también permite la recombinación genética de los genes del padre con los genes de la madre, de tal modo que se barajen como un grupo de naipes para combinar los distintos caracteres de los progenitores en los seres con reproducción sexual. Imaginemos que el genoma de la especie hipotética representada tuviera sólo los 8 loci mostrados y que, además, todas las letras del alfabeto son alelos posibles para ellos. Esto nos indicaría qué, para cada especie, existen muchos más genes distintos (alelos) que locis en su genoma. Esto significa que, por ejemplo, para un loci determinado que contiene el gen que codifica una proteína reguladora, existen varios otros candidatos a suplantarle. Pero esto no sucede en todos los casos. Notemos que en la figura todos los loci salvo el último, tienen pares de genes iguales y en el último se pueden dar tres casos: que los dos sean el alelo A, que los dos sean el alelo B o que uno tenga el alelo B y el otro el alelo A. Cuando los alelos de un mismo loci son iguales tendremos entonces lo que se llama homozigosis y si son diferentes tendremos una heterozigosis.

Por último, en el ejemplo vemos que gran parte de los loci son homocigóticos y, por lo tanto, constantes en todos los seres de una misma especie. Aquí no opera la variabilidad genética porque ellos representan la parte estructural y operativa esencial y cualquier mutación sería dañina. Más un grupo pequeño de ellos si son heterocigóticos, y es en ellos donde trabaja la variabilidad genética que es la parte paramétrica del genoma.

Visto esto cabe preguntar ¿Qué porcentaje del genoma está involucrado en la variabilidad? O dicho de otra forma ¿Qué porcentaje del genoma presenta heterozigosis?

Según, estimaciones realizadas mediante la electroforesis de gel, una técnica que mide la variabilidad mediante el examen de la tasa de variantes proteicas, las plantas son la que presentan mayor variabilidad con un 17% en promedio, en segundo lugar están los invertebrados con un 13,4% y en último lugar los vertebrados con un promedio de 6,6%. Y esto significa que en el mismo orden los primeros tendrán mayor adaptabilidad que los últimos.

En el caso de la especie humana, el 92,3% de su genoma es homocigótico, es decir, es común a todos sus integrantes y podemos considerarlo fundamentalmente estructural. Por otra parte el 6,7%

restante es heterocigótico, es decir, incorpora en su mayor parte, los componentes paramétricos que generan todos los aspectos distintivos del género humano (estatura, color de piel, color de ojos, etc.). El efecto de las mutaciones sobre esta fracción paramétrica del genoma no implicará enfermedades o trastornos mortales, más bien futuras posibilidades para la adaptación. En cambio en la primera fracción, la estructural (el anterior 92,3%), las mutaciones pueden afectar funciones y órganos que generen enfermedades o incluso la muerte. En dicho caso las mutaciones tenderán a desaparecer del reservorio de la variabilidad genética en virtud de tener desventaja selectiva y por la baja tasa de supervivencia de los afectados de tal modo que no hereden sus genes defectuosos a la siguiente generación, pero no todas.

Por esta razón, un residuo de este 6,7% corresponde, no solo al área paramétrica, sino a la carga de defectos genéticos estructurales procedentes de mutaciones acumuladas en el transcurso de la historia humana. La abrumadora mayoría de estas son negativas. Sin embargo, existe un reducido grupo de casos de estos defectos que, pese a su naturaleza estructural, no son tan graves y proporcionan ventajas relativamente positivas para hábitats y condiciones especiales. Un ejemplo clásico lo constituye la anemia falciforme. Esta surge de una mutación de tan solo un nucleótido del gen sintetizador de la hemoglobina que la hace defectuosa para portar oxigeno produciendo glóbulos rojos deformes. No obstante, por lo mismo protege a sus portadores del contagio de la malaria proporcionando, a los pobladores de zonas muy expuestas a esta enfermedad, la capacidad de sobrevivir a la misma con respecto a los que no padecen dicha enfermedad. Como consecuencia se conservará el gen defectuoso para las generaciones posteriores. Este ejemplo, sin embargo, no presenta ninguna mejora estructural neta, más bien fija, en función de la prevalencia de una circunstancia externa, la subsistencia de dicho defecto genético, y esto no es lo que realmente sirve para el desarrollo evolutivo.

Pero, si identificamos el 93,3% del genoma como zona estructural y el 6,7% como paramétrico ¿donde está la zona funcional?

Veamos ahora un caso frecuentemente usado como ejemplo de evolución macroevolutiva. Se trata de un pez espinoso llamado Gasterosteus aculeatus. Este pez tiene tres radios espinosos dorsales.

Dependiendo de dónde viven y de cuál es el depredador más amenazador de dicho hábitat, estos peces pueden adoptar dos formas: Los espinosos de aguas profundas desarrollan una aleta pelviana espinosa en el abdomen que dificulta que los engulla un pez de gran tamaño; los espinosos de aguas poco profundas han perdido la aleta pelviana, con lo que resulta más difícil que se les adhieran las larvas de insectos que habitan en el fondo y se alimentan de la cría de los peces.

Cada uno de estos peces tiene un gen llamado Pitx1 que está involucrado en el desarrollo morfológico y funcional de varias estructuras importantes de sus cuerpos. Esta capacidad de un gen de poder participar en varias fases de desarrollo se denomina pleiotropía. Esta funciona del siguiente modo: Cada gen pleiotrópico tiene un juego de intensificadores. Estos son zonas del ADN que no codifican ninguna proteína y, por lo tanto, no forman parte del genoma y por dicha razón se denomina a esta zona EPIGENOMA que significa "más allá del genoma". Estas zonas de regulación hacen la función de interruptores para definir en qué fase se activará o inhibirá la expresión del gen pleiotrópico. Si un intensificador sufriera una mutación lo único que afectará será la fase que controla el mismo más no las otras fases controladas por los demás intensificadores. La epigenética en realidad añade un nuevo e importante actor para la adaptabilidad de los seres vivos y su capacidad de cambio morfológico, pudiendo realizar cambios tan espectaculares en la función de la expresión estructural como el mostrado en la imagen.

Para el caso del pez Gasterosteus aculeatus su gen Pitx1 es precisamente un gen pleiotrópico que tiene varios intensificadores para varias fase de expresión durante el desarrollo embriológico. De este modo cada fase de desarrollo estructural será invocada por un intensificador específico y, como resulta obvio, existe un intensificador específico para el desarrollo de la aleta pelviana espinosa. En el caso de los peces de aguas poco profundas, dicho intensificador ha sufrido una mutación dañina que impide que estos desarrollen dicha aleta. El gen Pitx1 no sufre ninguna mutación y funciona normalmente para el resto de estructuras que involucra. Este ejemplo muestra como cambios no genómicos pueden tener importantes efectos adaptativos y de paso, ponen en relieve la enorme importancia de los intensificadores en el desarrollo morfológico de los seres vivos.

Cabe ahora preguntar ¿Este ejemplo de macroevolución es una vía a la megaevolución biológica?

En el siguiente gráfico podemos analizar mejor el caso en cuestión antes de definir que se necesita realmente para un cambio megaevolutivo.

Las zonas del ADN que expresan los genes llamada genoma solo suponen un 1,5% a 2% del mismo. Existen otras zonas con otras funciones importantes. Y para la expresión pleiotrópica de ciertos genes están las zonas intensificadoras. En el gráfico se muestran los genes del genoma que expresan la estructura mediante cuadros celestes (la fila horizontal de rectángulos señalada como genoma) y los que expresan los parámetros con un color turquesa (los 4 rectángulos sobre los que se apoyan los alelos viables en la zona paramétrica del genoma).

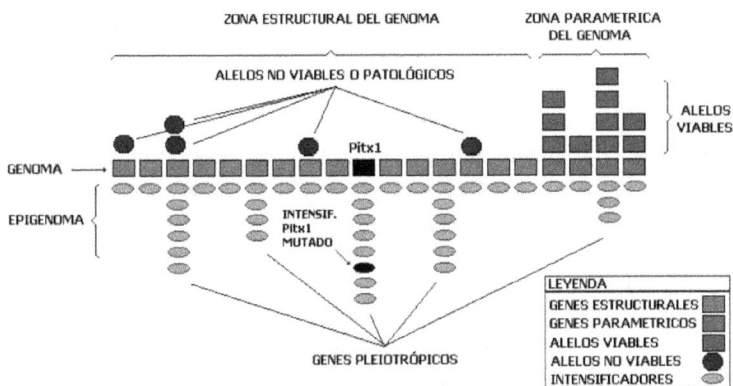

ZONA ESTRUCTURAL DEL GENOMA   ZONA PARAMETRICA DEL GENOMA

ALELOS NO VIABLES O PATOLÓGICOS

ALELOS VIABLES

Pitx1

GENOMA

EPIGENOMA

INTENSIF. Pitx1 MUTADO

GENES PLEIOTRÓPICOS

LEYENDA
GENES ESTRUCTURALES
GENES PARAMETRICOS
ALELOS VIABLES
ALELOS NO VIABLES
INTENSIFICADORES

En la parte superior se han colocado algunos genes alternativos (los llamados alelos) y se puede observar que los mismos son escasos en la parte estructural (óvalos gruesos) y numerosos en la parte paramétrica (rectángulos identificados como alelos viables).

Esto se debe a que los alelos estructurales productos de mutaciones son en su gran mayoría, salvo casos como la anemia falciforme, letales o patológicos y no son favorecidos por la selección natural. Sin embargo, no sucede esto con los paramétricos que si pueden incrementarse y proporcionan mayor potencial adaptativo.

Para cada gen existe por lo menos una zona de regulación (óvalos naranjas) y para los pleiotrópicos varias zonas (los intensificadores). Esto implica que el epigenoma ofrece posibilidades de cambio morfológico más radicales que los que proporciona la variabilidad genética dado que puede afectar al proceso de desarrollo estructural del ser viviente como es el caso de la aleta pelviana del pez Gasterosteus aculeatus por causa de la mutación inactivadora de un intensificador del gen Pixt1.

Sin embargo, aunque sin duda este fenómeno proporciona un mayor margen de cambio morfológico al proceso evolutivo, no llega a constituirse en megaevolución porque no implica una novedad en la reorganización funcional del genoma estructural.

Ahora bien ¿Sería posible, sobre la base de estos mecanismos, que pudiera surgir un nuevo intensificador que confiera una nueva fase a la expresión de un gen especifico y así generar una nueva función o característica?

Sean B. Carroll, Benjamin Prud'homme y Nicolas Gompel del Instituto Médico Howard Hughes en su artículo "La regulación de la evolución" dicen al respecto:

> "*A pesar de que tendemos a pensar que la presencia de una característica en una especie y su ausencia en otra emparentada con ella indica su adquisición por la primera, no siempre acontece. Antes bien, **lo habitual es que la evolución dé marcha atrás y se pierda algún rasgo**". Y luego concluyen: "**La perdida de características corporales ofrece quizás el ejemplo más claro de que la evolución de los intensificadores es el mecanismo más probable de la evolución anatómica**".* (Énfasis en negrita añadido)

Sean B. Carroll, Benjamin Prud'homme y Nicolas Gompel,
La regulación de la evolución

Analicemos esto. En primer lugar se admite que en la mayoría de los casos los cambios resultan de pérdidas de caracteres, lo cual no nos debe extrañar porque para todo artefacto es inmensamente más probable estropearlo que arreglarlo con una alteración aleatoria de su estructura. No obstante, como vimos en el caso del pez espinoso algunos cambios reductivos resultan adaptativos y por ello beneficiosos. Ahora bien, ¿Cómo podría añadirse una característica nueva a un organismo mediante este mecanismo?

Para ello, se tendría que mutar una zona del ADN adyacente al gen que antes no era reguladora para llegar a serlo después de dicha mutación y que además, tenga la distancia definida para hacer posible activar el proceso de transcripción con los demás actores del proceso sin estorbar a los otros. Suponiendo que esto pueda darse, y conste que los autores del artículo no señalan ningún ejemplo real de un caso así, tendría que aparecer la increíble casualidad de que dicha zona se convierta en coherente con un factor de transcripción nuevo y que sean codificado por otro gen también nuevo perteneciente a un concierto de genes implicados en los detalles de una nueva fase de carácter morfológico o funcional también nuevos. ¡Esto sencillamente es absolutamente inverosímil!

Sin embargo, naturalmente el naturalismo evolucionista ha elaborado propuestas sobre cómo pueden formarse nuevas funciones e información biológica que produzcan una megaevolución.

La factibilidad de la Megaevolución

La megaevolución es un término poco utilizado y que con frecuencia se confunde con macroevolución. Por ello muchas veces cuando se menciona macroevolución se tiene en mente en realidad la megaevolución. Esta clasificación en tres grados evolutivos: micro, macro y mega permite asociarla a 3 mecanismos de carácter matemático que están presentes en cualquier otra estructura funcional no biológica planificada, es decir, que ha sido diseñada y construida. Estos mecanismos, para el caso biológico, pueden de hecho explicar los alcances reales de cambio morfológico particulares a estos grados de evolución salvo el último.

Según lo expuesto. La microevolución está asociada a cambios en la variabilidad genética producto de mutaciones en alelos pertenecientes a la parte paramétrica del genoma. La macroevolución está asociada a cambios en los parámetros epigenéticos involucrados en los procesos de desarrollo embriológico y trabaja fundamentalmente por perdida de función. No obstante, es capaz de cambios morfológicos espectaculares como los presentes en los peces espinosos y sin duda puede ser capaz de explicar cambios morfológicos de importancia aún por descubrir.

Hasta estos dos casos de proceso evolutivo (o realmente devolutivo si se quiere ser más exacto) existe una abrumadora evidencia científica para su respaldo. No sucede así con la megaevolución y es aquí donde el Diseño Inteligente discrepa radicalmente con el naturalismo evolutivo.

Para poder exponer la propuesta básica que el naturalismo evolucionista propone como mecanismo capaz de producir cambios megaevolutivos citare lo que expone wikipedia en el artículo "Duplicación Cromosómica":

"Uno de los aspectos integrantes del estudio de la evolución es especular sobre los mecanismos posibles de la variación genética. En 1970, Susumo Ohno publico el polémico libro Evolution by Gene Duplication. La tesis de Ohno se basaba en la suposición de que los productos de genes esenciales son indispensables para la supervivencia de los miembros de cualquier especie a lo largo de la evolución. Estos genes no pueden acumular mutaciones que alteren su función primaria y dar lugar potencialmente a nuevos genes. Sin embargo, si se duplicara un gen esencial en una línea germinal, en la copia extra se tolerarían cambios mutacionales dado que la original proporciona la información genética para su función esencial. La copia duplicada quedaría libre para adquirir muchos cambios mutacionales durante largos periodos de tiempo. En periodos cortos, la nueva información genética podría no tener ventajas prácticas. Sin embargo, en periodos evolutivos largos, el gen duplicado podría cambiar lo suficiente como para que su producto asumiera un papel divergente en la célula. La nueva función podría dar una ventaja "adaptativa" al organismo, incrementando su eficacia biología. Ohno ha imaginado un mecanismo mediante el cual pudo haberse originado sustancial variabilidad genética. La tesis de Ohno está apoyada por el descubrimiento de genes que tiene una parte importante de sus secuencias de ADN en común, pero cuyos productos génicos son distintos.

La importancia evolutiva de las duplicaciones radica en el hecho de que los individuos portadores tienen dos copias de un mismo gen. En un individuo normal una mutación de ese gen puede tener efectos deletéreos, pero si hay dos copias y se produce una mutación en una de ellas, el individuos podrá seguir manifestando un fenotipo "aparentemente normal" y la selección natural no actuaría en su contra. Mediante este proceso se pueden ir originando nuevas copias de un mismo gen y producirse variantes y alternativas no alélicas a una secuencia de ADN. Este es el origen de las familias multigénicas (Histonas, rRNAs, etc.) y de las familias génicas con un origen evolutivo común (Ej, haptoglobinas). La estructura citogenética de las familias multigénicas suele ser muy típica: Todos los genes que componen la familia se encuentran juntos en el cromosoma en un mismo "nicho" o cluster, que a su vez puede estar repetido una o varias veces."

Wikipedia

Nótese como el enfoque se cierne sobre una duplicación individual y sobre como el duplicado por si solo puede mutar en la linea germinal durante mucho tiempo hasta "encontrar" una nueva función útil al organismo que lo conforma. El que un conjunto de mutaciones durante un lapso enorme de tiempo consiga que el gen afectado sintetice una nueva proteína es muy difícil, pero no obstante es plausible. El gran problema está en comprender si esto basta para un cambio megaevolutivo o, a lo sumo, solo sirve para uno microevolutivo. Para analizar, por lo tanto, esta propuesta es inevitable, con el perdón del lector, recurrir a ciertos conceptos matemáticos.

Imaginemos que tenemos un motor al cual le falta una pieza, y la misma por ser fundamental para su funcionamiento, no permite con su ausencia que el motor encienda. Cuando esta pieza aparece y es insertada en el contexto estructural del motor entonces este si logra encender y funcionar. Notemos algo importante: el motor era coherente funcionalmente con la pieza y a su vez la pieza lo era con el motor. La Coherencia Funcional establece que un componente puede no solo encajar con otra estructura, sino que su "encaje" es funcional. Cuando todos los componentes necesarios para que una estructura dada concurren y están conectados entre sí acontece lo que se conoce como "Coherencia de Contexto".

Qué pasaría si esta pieza de motor la llevamos a otro contexto al cual no pertenece ni puede tener coherencia de contexto, es decir la llevamos a otro motor de otra marca ante la cual la pieza no encaja en ninguna parte dado que no tiene coherencia funcional con este motor. En este caso la pieza no nos sirve, aunque si sirvió para su motor específico.

Ahora bien, para que exista megaevolución necesitamos no que aparezca una pieza suelta, sino que aparezca un motor y que el mismo a su vez sea coherente funcionalmente con el resto estructural que lo va a albergar y usar. Por eso no se trata de que aparezca un solo gen para conseguir una novedad estructural u orgánica en un ser viviente, sino de que aparezcan un juego asociado de genes completo y que formen una coherencia de contexto que permita una función o funciones dadas, y además que la misma también sea coherente funcionalmente con el resto del ser viviente.

El proceso embriológico de un metazoo necesita de un plan espacial y temporal. Además necesita de un grupo de genes directores llamados HOX que dirijan cuándo, dónde y cómo deben activarse ciertos genes para conseguir el desarrollo embriológico.

Por lo general, cuando se construyen edificios, la dirección de obra, para facilitar el control y la eficiencia, divide la obra en un determinado número de partes o secciones y para cada uno de ellos designa un encargado o jefe de producción. También sucede así en el caso biológico. Cada uno de los genes selectores (HOX) se encargará de controlar la construcción de una determinada sección del cuerpo y esperarán a ser invocados (regulados) en el momento oportuno para iniciar su obra. Cuando esto suceda darán la orden a la "empresa subcontratada", es decir, a un grupo numeroso de genes llamados realizadores (también llamados downstream) a los cuales este gen regula, para que ellos a su vez regulen a otros genes que realizarán el subproceso constructivo de un órgano o estructura específica del cuerpo del pluricelular.

Cada uno de los genes selectores y realizadores tiene una coherencia funcional con cada elemento a fin de cumplir con la coherencia de contexto del plan embriológico completo.

No pueden pues aparecer solitarios, incluso para las etapas más pequeñas, necesitan de una batería de genes realizadores trabajando para la misma.

Para explicar, por ejemplo, como pudieron surgir los animales bilaterales desde los de simetría radial se alega que la fila Hox de los animales bilaterales surgió como resultado de la duplicación o divergencia de un gen Hox de la hidra (un ser pluricelular con simetría radial).

Según esta tesis, en algún momento millones de años anterior a la explosión cámbrica un solitario gen Hox sufrió una bifurcación progresiva que generó una fila de genes Hox. Con el tiempo los genes realizadores de los distintos genes Hox habrían especializado estructuras anatómicas específicas de los bilaterales a lo largo del eje antero-posterior. De esta manera habría nacido Urbilateria (el primer ser con simetría bilateral) y con él el antecesor de los 12 actuales (hubieron muchos más según el registro paleontológico) planes de diseño característicos del mundo animal.

Analicemos ahora esta tesis. Se dice que los 3 genes Hox de la hidra pueden ser los precursores de la fila Hox bilateral, pero sin embargo, tenemos la dificultad de que los genes Hox de la hidra no funcionan como lo hacen los Hox de los bilaterales ni están dispuestos en un orden específico en el genoma, mas bien, están dispersos en él y no organizan formas corporales a lo largo de un eje. Recordemos que los genes Hox son genes selectores que regulan una numerosa batería de otros genes llamados realizadores que son los que, a su vez regulan a otros equipos de genes que realizarán el diseño corporal específico a una sección dada del cuerpo controlada por este gen selector. Esto significa que alterando un gen Hox lo que logramos no es un cambio gradual darwiniano, sino un cambio abrupto y radical (patas en lugar de antenas, otro par de patas u ojos en otra sección del cuerpo), por ello los genes Hox no generan ninguna variación fenotípica y, por ello, no pudieron surgir por ningún mecanismo de la selección natural.

¿Es factible que este accidente genómico produzca una fila Hox funcional? Esto es como decir que las ralladuras de un antiguo disco de vinilo consiguieran generan beneficiosos arreglos musicales en la partitura original.

Volvamos al solitario gen Hox. Este necesariamente tiene que tener un grupo de genes realizadores cuyas zonas reguladoras son regulables por él. Si ahora lo duplicamos varias veces ¿Tenemos que decir también que tienen que aparecer nuevos equipos de genes realizadores para cumplir nuevas funcionalidades de desarrollo corporal específicas y plenamente coherentes funcionalmente con el conjunto? Javier Sampedro en su libro "Deconstruyendo a Darwin" describe así esta dificultad:

> "Pero ¿es que además tenemos que inventarnos toda una red de centenares de genes realizadores cada vez que ocurre una nueva duplicación? Eso sí que no. Eso, encima de no ser darwiniano, ni siquiera es concebible. Una cosa es duplicar un gen, y otra muy distinta sacarse del sombrero un centenar de genes realizadores que se pongan de repente bajo el control del nuevo gen duplicado, y encima que actúen coordinadamente para hacer algo útil, y para colmo cuatro o cinco veces seguidas en un plazo evolutivo miserable. No puede ser y se acabó".

Javier Sampedro, *Deconstruyendo a Darwin*

Puede concluirse que la micro y macroevolución trabajan con la parte paramétrica del genoma así como también con los parámetros epigenéticos. La megaevolución, por otra parte, necesita incorporar cambios viables en la parte estructural del genoma y precisa de sendos contextos estructurales no meras piezas sueltas. Es aquí donde tiene que enfrentar el problema de la complejidad irreductible, anteriormente conocido como preadaptación, que nos dice que la selección natural no puede fijar piezas sueltas que aún no son funcionales y, por lo tanto, no presenta ventaja de sobrevivencia por si solos o aún cuando son grupos subfuncionales. La selección natural puede fijar los cambios que ya son funcionales, pero estos cambios, o más bien, mutaciones, si pueden presentar ventaja cuando acontecen en la zona paramétrica del genoma o en la modificación de variables epigenéticas, pero no en la zona estructural. Allí se necesitan CONTEXTOS COMPLETOS que puedan ser fijados por la selección natural.

El problema de la megaevolución queda entonces circunscrito a explicar de modo naturalista la aparición de contextos funcionales. Pero cuidado, aquí hay que aclarar algo muy importante: EL CONTEXTO QUE DEBE EXPLICARSE NO ES EL DEL MECANISMO BIOLOGICO EN SÍ, SINO EL DEL PROGRAMA EMBRIOLOGICO QUE LO CONSTRUYE. Por lo general siempre se argumenta la posibilidad que un mecanismo biológico se pueda construir fortuitamente asociando productivamente distintos componentes biomoleculares ya presentes en otros contextos bioquímicos. Pero esto es un gran error. HAY QUE EXPLICAR EL PROGRAMA, NO EL RESULTADO QUE GENERA.

Es como si me pidieran que explicara una figura en la pantalla de mi computadora mediante la asociación conveniente de pixels en la misma, cuando en realidad debo explicar el programa que los dibuja en la pantalla.

Esta ha sido y es la objeción fundamental a la megaevolución.

Capítulo IV

EL DI Y LOS MECANISMOS
Mario A. López

Uno de los cargos contra el diseño inteligente (DI) se relaciona a su supuesta falta de rigurosidad científica por no tener algún mecanismo al cual recurrir para hacer predicciones o para aplicar al desarrollo de la investigación científica. Consecuentemente, el no tener un mecanismo el DI no se presta a la falsificación, y de acuerdo al criterio de Popper, no califica como ciencia. Bien, el DI no tiene mecanismo. ¿Pero, es ciencia?

Isaac Newton, reconocido como el padre de la mecánica clásica, describió la ley de gravitación universal sin recurso al mecanismo de la misma, admitiendo:

> *"Hasta ahora he explicado los fenómenos de los cielos y de nuestro mar por la fuerza de gravedad, pero aún no he asignado a una causa a la gravedad.*[17]*"*

Aun, los mecanicistas del pasado como Isaac Newton no tomaban a los mecanismos mismos como algo independiente de un diseñador. Ellos sostenían la idea de que la naturaleza fue dotada con leyes y un orden por un ser inteligente:

---

[17] De aquí surgió la frase *Hypotheses non fingo* en la segunda edición de *Philosophiae Naturalis Principia Mathematica*, 1713.

"El sistema más bello del sol, planetas y cometas sólo podría proceder del juicio y dominio de un ser inteligente. Toda la variedad de objetos creados que representan el orden y la vida en el universo podría pasar sólo por el razonamiento deliberado de su creador original...[18]"

La cosmovisión de los teóricos del diseño inteligente es similar a la de Newton, pero más moderna. Ellos proponen que el universo fue dotado con leyes ajustadas para permitir la vida, y sostienen que es posible distinguir patrones que implican al diseño intencional de aquellos que se forman a través de algún mecanismo. Las aportaciones científicas de sus propugnadores provienen de varios campos, así que los datos permiten hacer inferencias de diseño utilizando más de un tipo de razonamiento[19]. Efectivamente, la ciencia trabaja con varios criterios epistemológicos que delinean para nosotros el margen de lo que se puede inferir de los datos. Para ilustrar mi punto seguiré con tres procesos de razonamiento filosófico-científico:

Inductivo	Ejemplo:
Observar datos, reconocer patrones, y hacer generalizaciones basándose en esos patrones.	**Caso:** "Esta muestra de agua hierve a 100 grados" **Caso:** "Esta otra muestra de agua hierve a 100 grados" **Inducción:** "El agua hierve a 100 grados"
Deductivo	**Ejemplo:**
Tomar una premisa general y deducir conclusiones particulares.	**Regla:** "Ningún soltero es casado" **Caso:** "Pedro es un soltero" **Deducción:** "Pedro no es casado"
Abductivo	**Ejemplo:**
Se opera con una especie de silogismo en donde la premisa mayor es considerada cierta mientras que la premisa menor es solo probable, por este motivo la conclusión a la que se puede llegar tiene el mismo grado de probabilidad que la premisa menor.	**Regla:** "Llueve durante el invierno" **Caso:** "Está lloviendo" **Abducción:** "Es temporada de invierno"

[18] Ibid.

[19] Dembski utiliza su método estadístico o *Filtro Explicativo*, Behe La *Complejidad Irreductible*, y Meyer el método de las ciencias históricas

En la ciencia, cada tipo de razonamiento es válido, aunque la conclusión no necesariamente lo sea. Este punto tiene que ver con los tipos de datos que se presentan para inferir alguna conclusión. Por ejemplo, la ciencia forense no determina sus conclusiones a través de un mecanismo o propiedad en el objeto bajo investigación, sino en la evidencia empírica que señala alguna clave ("datos proxy"), que en conjunto de otras claves se infiere o construye una hipótesis. Así, los científicos del la teoría del diseño inteligente hacen uso de varias claves o rasgos indicativos de alguna acción deliberada para inferir que la "apariencia" de diseño es realmente intencional y no el producto del azar o necesidad. Esta inferencia es abductiva porque los eventos bajo investigación se comparan como eventos antepasados cuyos efectos son idénticos al presente, y por lo tanto, la inferencia a la mejor explicación.

Regla: La información prescriptiva solo proviene de agentes inteligentes
Caso: La vida contiene información biológica que es prescriptiva
Abducción: La información biológica proviene de algún agente inteligente

Es importante notar, sin embargo, que la ciencia forense no solo depende de eventos que ya ocurrieron. La ciencia forense, tanto como otros tipos de ciencia histórica puede evaluar sus conclusiones reconstruyendo el evento bajo investigación. Es decir, utilizando razonamiento deductivo. El DI, como teoría, investiga patrones complejos en la naturaleza tomando en cuenta la presencia de un fondo de leyes y propiedades fisicoquímicas. La pregunta que se dirime de tales investigaciones es de que manera, si la hay, los mecanismos iluminan un trayecto de formación totalmente independiente del diseño intencional. Tomando algo del criterio de Darwin, reclamo: *"Si se pudiese demostrar que existió un órgano complejo que pudo haber sido formado por modificaciones pequeñas, numerosas y sucesivas, **la teoría del DI** se destruiría por completo; pero no puedo encontrar ningún caso de esta clase.*[20]*"*

---

[20] Las palabras de Charles Darwin en *El Origen de las Especies* son "Si se pudiera demostrar que existió un órgano complejo que no pudo

Claro, comprobar la ausencia de un mecanismo no comprueba al diseño intencional, por el contrario la presencia de un mecanismo si comprueba que no es necesario postular al diseño intencional. El diseño inteligente se teoriza sobre los rastros de acción deliberada, no a través de un mecanismo, sino a través de una acción consciente. Así, el *designio*, como en cualquier otra acción deliberada, no hace uso de mecanismos (aunque se desarrolle entre ellos) para llevar a cabo su forma final. Más claro, cuando un agente inteligente actúa en la naturaleza, actúa en conjunto a las leyes que gobiernan a nuestro universo, y además, sus actos (diseños) se manifiestan como discontinuidades entre los procesos naturales en los cuales actúan. Así, lo que distingue al diseño inteligente de algún mecanismo es la arbitrariedad de las formas/patrones cuya estructura sirve a algún propósito final, no por alguna afinidad o ley sino por intención. Igualmente, el diseño intencional no puede trabajar independiente de lo material o de las leyes naturales, excepto en el curso de una instauración inicial en un vacío (tal como se plantea sobre el del origen del universo), porque el diseño se impone a la materia en la presencia de las leyes que la sostiene.

Ahora, un mecanismo se define como una técnica, proceso o sistema que logra algún resultado. Así, al explicar fenómenos naturales, se puede decir que el "mecanicismo" se utiliza como la doctrina materialista que sostiene que todo el universo está *mecánicamente* decidido a través de sus propiedades que, teóricamente, ofrecen una explicación completa de todo lo que existe.

> *"Podemos mirar el estado presente del universo como el efecto del pasado y la causa de su futuro. Se podría concebir un intelecto que en cualquier momento dado conociera todas las fuerzas que animan la naturaleza y las posiciones de los seres que la componen; si este intelecto fuera lo suficientemente vasto como para someter los datos a análisis, podría condensar en una simple fórmula el*

---

haber sido formado por modificaciones pequeñas, numerosas y sucesivas, mi teoría se destruiría por completo."

movimiento de los grandes cuerpos del universo y del átomo más ligero; para tal intelecto nada podría ser incierto y el futuro así como el pasado estarían frente sus ojos."

Pierre Simon Laplace,
Un ensayo filosófico sobre las probabilidades

Claro, los mecanismos no deshacen por completo alguna inferencia de diseño intencional, solo que hacen superflua cualquier explicación que se extiende a tales inferencias. Es decir, si un agente inteligente utilizó un mecanismo, no importaría que tan evidente hiciera la presencia del diseño si el mecanismo ocupa el lugar del diseñador. Por esto, yo opino que sería un error tratar de atribuir algún mecanismo a la teoría del diseño inteligente. Como ya he dicho, un agente inteligente no necesita de algún mecanismo como instrumento para diseñar, solo requiere el extenso conocimiento de ingeniería y los materiales con que trabajar.

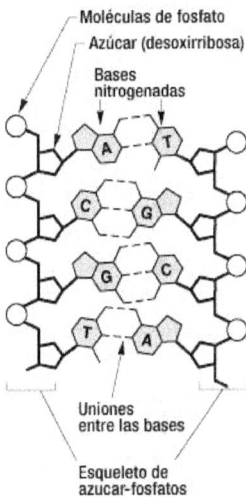

Moléculas de fosfato
Azúcar (desoxirribosa)
Bases nitrogenadas
Uniones entre las bases
Esqueleto de azucar-fosfatos

La evidencia que respalda a la inferencia del diseño inteligente es abrumadora. La especificación (criterio de Dembski) y la complejidad irreducible (criterio de Behe) son formas de arbitrariedad que son comunes en la naturaleza. Como ejemplo, el ADN no tiene ningún enlace químico entre las bases a lo largo del eje longitudinal en el centro de la hélice, precisamente donde la información se almacena y se lee. Este tipo de arbitrariedad informática no depende de alguna afinidad, ley, o contingencia. La información codificada en el ADN tampoco se presenta como una regularidad como se ve en cristales u otro tipo de estructuras simétricas. La información es especificada porque produce una función no provocada por las propiedades que contiene. Indiscutiblemente, esto implica que la información biológica no es de origen aleatorio o por necesidad, sino el producto de un agente inteligente.

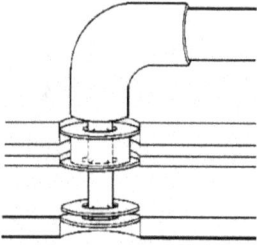

Otro ejemplo es el del motor bi-direccional bacteriano cuyo ensamblaje de partes proteicas (rotor, estator, cojinete, etc.) no depende de una afinidad entre las partes mismas. El motor, es literalmente arbitrario en su estructura funcional. Las características del motor bacteriano incluyen: 1.) Auto ensamblaje y reparación 2.) Motor rotativo con refrigeración de agua 3.) Unidad de sistema con fuerza protónica 4.) Cambios hacia delante y hacia atrás 5.) Velocidad de 100.000 rpm 6.) Reversión de capacidad dentro de 1/4 de vuelta 7.) Sistema de transducción de señal de cable con memoria de corto plazo.

En un párrafo anterior definí un mecanismo como *"una **técnica**, **proceso** o **sistema** que logra algún resultado."* En otros términos, un mecanismo es el medio por el cual se produce un efecto o un propósito se lleva a cabo. Noten bien en la definición que los adjetivos implican que un mecanismo, como una máquina (de donde proviene la palabra), no necesariamente requiere intervención externa durante su funcionamiento. Además, como una máquina, un mecanismo procede como una regularidad en sus procesos ya determinados. Ahora, al proponer que un mecanismo "logra un resultado" no intento argumentar sobre alguna causa primaria, sino mi interés es solo de confrontar la pregunta sobre los mecanismos y la "apariencia" de diseño que supone explicar.

Consecuentemente, cuando se habla de un mecanismo, uno no se refiere a un elemento o componente individuo, sino a un conjunto o ensamblaje de componentes que funcionan para producir algún efecto. Así, un mecanismo no es ni materia, ni las leyes fisicoquímicas que contiene, sino el conjunto de ambas cuya interacción produce algún resultado. Por ejemplo, una mutación es el efecto de cambio en el gen que resulta de otros factores (radiación, químicos, errores de replicación, etc.). Según la teoría sintética, las mutaciones aleatorias que producen un cambio beneficioso se seleccionan "naturalmente" para la adaptación y supervivencia de las especies. Este proceso se dice ser el "mecanismo" de la evolución. Así, cambio sobre cambio de una manera jerárquica y gradual originan, supuestamente, nuevas formas corporales.

Anteriormente, también escribí un poco sobre el razonamiento filosófico-científico que guía nuestras conclusiones sobre los fenómenos que observamos en la naturaleza. Aquí, pretendo explicar por qué los mecanismos (procesos naturales) fallan como la inferencia a la mejor explicación y también porque la inferencia del diseño inteligente (DI) tiene el mayor poder explicativo en relación al diseño de estructuras funcionales e incluso a las nuevas formas corporales.

Según la ciencia del día, para entender a la maquinaria biológica se requiere saber bastante sobre ingeniería. Esta manera de pensar se ha alentado por los estudios más recientes sobre las estructuras y modularidad de componentes exhibidos dentro de las células.

"Toda la célula puede verse como una fábrica que contiene una elaborada red de un enclavamiento de líneas de montaje, cada uno de los cuales se compone de un conjunto de grandes máquinas proteicas. ... ¿Por qué llamamos el ensamblaje de proteínas grandes que subyacen la función de la célula máquinas proteicas? Precisamente porque, como máquinas inventadas por los seres humanos para tratar de manera eficaz con el mundo macroscópico, estos ensamblados de proteínas contienen piezas móviles altamente coordinadas."

Bruce Alberts, *"The Cell as a Collection of Protein Machines: Preparing the Next Generation of Molecular Biologists,"* Cell, 92(February 8, 1998): 291

Para todo esto, un mecanismo requiere tener la habilidad de producir la información necesaria para construir dichas maravillas de ingeniería biológica. ¿Será la evolución capaz de tal proceso? Veamos.

Lo primero que hay que reconocer es que un mecanismo irregular hiciera imposible realizar predicciones científicas, y además, hiciera imposible reconstruir escenarios o distinguir causas primarias de aquellas provocadas por los mismos procesos aleatorios. En el razonamiento deductivo, cuando buscamos algún proceso para explicar algún fenómeno natural, lo primero que hacemos es proponer una teoría, después formamos una hipótesis que podremos probar, hacemos observaciones que confirman nuestra teoría, y finalmente confirmamos nuestra teoría con los datos. Nunca laboramos para reconciliar algún proceso aleatorio o alguna ley con el diseño de algún artefacto diseñado por humanos. De la misma manera, un científico siempre va a buscar alguna ley fisicoquímica o afinidad entre los componentes de una estructura que contiene cierto tipo de orden. El orden, la regularidad, nos da cierta ventaja para hacer experimentos, y eso se debe a que las leyes trabajan uniformemente a través de una gama de interacciones fisicoquímicas. Los copos de nieve, los fulerenos, cristales de cloruro sódico (sal), y las columnas basálticas son ejemplos de la bella simetría que puede resultar de un proceso natural. Los mecanismos son sencillos y también predecibles. En contraste, la información biológica no tiene un patrón marcado por el azar ni por la regularidad, sino está al margen de la aleatoriedad (azar) y el orden (leyes), y además logra alguna función. ¿Pero, qué es la información biológica exactamente?

Para aclarar más bien mi posición sobre la información biológica, sería bueno hacer un punto sobre el tipo de información que me refiero cuando escribo sobre la misma. El punto obvio fuera de proponer que la información cualitativa se distingue de la información cuantitativa en su contenido. Así, la Información Shannon (entropía) siempre es una medida de la disminución de la incertidumbre en un receptor (o máquina molecular) y es un ejemplo de información cuantitativa. Aunque este tipo de información puede ser útil para distintos estudios genéticos (como identificar y predecir centros de unión) no puede iluminar nada sobre la codificación de la información semántica que existe en toda la vida. Ahora, la información semántica tiene dos subconjuntos: el descriptivo y el prescriptivo. La información prescriptiva (PI) indica a o produce directamente la función formal. En cambio, la información descriptiva solo ilumina algún efecto, pero no lo produce. Por lo tanto, la descripción debe ser dicotomizada de la prescripción. Esto es importante cuando el tema de la información biológica se somete a una definición materialista que implica que la información es lo mismo que la materia misma. La información biológica no puede ser descriptiva porque es unidireccional, es decir, el flujo de la información semiótica corre del *"software"* al *"hardware"* y "prescribe" la función predeterminada en el código. Esto indica que el código se ubica en la materia, pero no *es* la materia. Pero la ineficiencia físico-dinámica de la naturaleza para producir hasta la información semántica descriptiva se ha demostrado incesantemente desde el origen de la alquimia y la química moderna. Simplemente no hay ningún ejemplo en el cual se ha demostrado que las leyes, el azar, o el conjunto de ambos puedan producir información de este tipo. Por estas razones, mi posición sobre la información biológica es que es prescriptiva y por extensión, el producto del diseño inteligente.

Ahora, quizá esto baste para confirmar la sospecha que la materia inanimada no tiene la habilidad o propiedades emergentes (en términos reduccionistas) que se le atribuye para crear ni siquiera una hebra de química informática y autoreplicante, mucho menos la vida. Pero, ¿Qué tal la evolución? La vida ya contiene procesos, maquinaria para reproducir cambios bioquímicos y jerárquicamente desarrollar innovaciones biológicas. ¿Qué no pueden las variaciones menores construir innovaciones mayores? Mi respuesta es que no.

Incuestionablemente, el problema principal de la síntesis moderna tiene que ver con las distancias morfológicas que se exhiben entre las variedades de especies que existen o han existido en la historia de la vida. El problema se hace todavía más claro en las etapas sedimentarias del registro fósil del periodo cámbrico, donde la emergencia de nuevas formas organismales se manifiestan como un evento repentino y sin gradaciones o series de transiciones anatómicas en las especies fosilizadas. La evidencia de los estratos primordiales demuestra un patrón universal y sin antecedentes que ocuparían el vacio transicional de un organismo a otro. Desde Chengjiang (China) a Groenlandia y de Canadá a Suecia, el registro demuestra que la aparición de nuevas formas es real y no por que el registro es fragmentario como se ha argumentado. Esto implica que la abrupta aparición de nuevas formas anatómicas requiere una nueva programación de los sistemas de adaptación, cuyo ensamblaje requiere también una gama de nuevas maquinas moleculares y instrucciones para llevar a cabo todos los procesos en cascada que sostienen a los organismos. Si la evolución se va a tomar en serio, tiene que explicar tales anomalías sin recurso a extrapolaciones gratuitas de límite particular, y demostrar que el mecanismo evolutivo tiene el poder de diseñar repentinamente y sin recurso al proceso gradualista que mantiene el evolucionismo de la síntesis moderna.

Cuando los neodarwinistas insisten en el gradualismo y tratan de explicar algún mecanismo que según los mismos incrementa la información biológica, siempre dependen de mecanismos que solo incrementan un tipo de información, la información cuantitativa. Pero para incrementar la información prescriptiva se requiere que un sistema adquiera nuevas funciones. Más claro, es posible incrementar la información cuantitativamente, pero ningún proceso se ha demostrado capaz de introducir nuevas funciones que logren la evolución sucesiva como el neodarwinismo declara. El criterio macroevolutivo requiere que un sistema 1) obtenga más información prescriptiva, 2) que nuevas funciones se originen sin el sacrificio de otra, 3) y finalmente que la nueva función sea divergente a la original.

Como una computadora moderna, la única manera de adquirir una nueva función es de saturar al sistema con nuevo código que contiene la información necesaria para dicho funcionamiento. No es suficiente hacerle cambios al código existente porque eso es sacrificar otra función. En relación a cualquier sistema que depende de la información, el objetivo es de crear información *de novo*, y esto no se ha demostrado que es posible a través de leyes deterministas. Las propuestas de la *transferencia de genes horizontal*, la *duplicación cromosómica* y la supuesta creación de *nuevos genes del ADN no codificante* fueran, teóricamente, la solución biológica para adquirir nueva información prescriptiva, pero, como miraran, estos procesos no lo han logrado.

Los procesos candidatos que se han ofrecido para explicar el fenómeno de la incrementación de la enorme cantidad de información biológica que se manifiesta en la progresión organismal en la historia de la vida se conocen como la *transferencia de genes horizontal*, la *duplicación cromosómica* y la supuesta creación de *nuevos genes del ADN no codificante*. Aunque estos no son los únicos procesos candidatos considerados como la "máquina" de la evolución, si son los más citados en los recientes años. Aquí se expone porque estos procesos, aunque los más probables candidatos para explicar dicho fenómeno, no son suficiente para explicar la aparición abrupta de nuevas formas biológicas en el registro fósil.

Para el científico, la pregunta sobre la evolución debe ser tanto cuantitativa como cualitativa. Es decir, se debe preguntar cuanta evolución bioquímica ocurre y como se afecta la progresión de complejidad organismal. Por ejemplo, ¿Puede la evolución explicar fenómenos que superan el marco de la variación microevolutiva? ¿Puede la síntesis moderna (mutaciones aleatorias en conjunto a la selección natural) explicar nueva información biológica funcional? Estos interrogantes son de suma importancia porque todo el cambio y origen de nuevas formas morfológicas que se le atribuye a la evolución darwiniana depende de la incrementación de la información biológica. La evolución se supone seguir el paso siguiente:

Originario

En mi explicación de la información biológica en los párrafos anteriores, mi enfoque no fue dar una medida de la complejidad de alguna secuencia de símbolos—o para nuestro propósito—ácidos nucleicos, sino de distinguir entre diferentes tipos de información y lo que significa la presencia de la información prescriptiva en el genoma de los seres vivos. Concretamente reconocemos que hay teoremas que miden la complejidad de alguna secuencia de símbolos. Sin embargo, no fue hasta que se realizo el trabajo del matemático William Dembski que un teorema para distinguir la información cualitativa (semántica/funcional=especificación) se había desarrollado. En relación a la biología, la razón de este hueco epistemológico quizá fue porque no había manera de descifrar el significado semántico de alguna secuencia genética hasta que alguna regla se haya cumplido y algún efecto se haya llevado a cabo. Francis Crick no presento su "Hipótesis de Secuencia" hasta 1958 y solo fue confirmada hasta 1964; después conocida como *el principio de colinealidad*. Ahora, solo cinco años después de determinar la última secuencia de pares de bases del cromosoma 1 humano, todavía encontramos mas funcionamiento hasta en lugares donde no se esperaba (i.e., ADN basura).

Efectivamente, el alfabeto tiene reglas sintácticas que producen un efecto de armonización lingüística que en cambio "informan" algún mensaje. Precisamente como el lenguaje, la vida también tiene reglas semióticas que no se miden hasta cumplir el aspecto pragmático de su secuencia, lo que llamamos el *código genético*. Ni la información potencial de Shannon o la información absoluta de Kolmogorov cumplen para descifrar tal acontecimiento. La información Shannon solo *reduce* la incertidumbre entre ruido (aleatoriedad) y la información Kolmogorov *describe* la información entre la aleatoriedad (no una secuencia repetitiva) que depende en la cantidad de recursos computacionales. Según el criterio de Dembski, la *especificación* distingue entre efectos naturales y aquellos formados deliberadamente por un agente inteligente al eliminar el azar estadísticamente y señalando un patrón irreproducible por el mismo. Además, la secuencia produce un resultado no inherente en cualquier secuencia aleatoria (esto es la prescripción), sino en la acción deliberada. En otras palabras el resultado/funcionamiento depende de la secuencia y la secuencia de un agente inteligente. Tal como en cualquier sistema de comunicación, los aminoácidos que producen cadenas/secuencias *específicas* de polipéptidos que se forman en proteínas contienen un tipo de información, es decir, la información prescriptiva. En resumen, la información cualitativa/prescriptiva tiene tres características esenciales[21]:

Sintaxis – las reglas de organización/secuencia (nucleótidos opuestos y complementarios)

Semántica – lo que los símbolos denotan (el código genético)

Pragmática – intención de efecto/significado (función biológica)

Ahora, es importante notar que la especificación no impide que algún mensaje no pueda adquirir ruido (en este caso mutaciones) entre su secuencia prescriptiva, si no que el ruido resaltaría como un defecto de la secuencia original funcional. El resultado se halla obvio cuando se trata de un sistema que depende del "software" que mantiene el funcionamiento del "hardware," tal como en una computadora. ¿Pero, qué se puede decir de la información biológica en este

---

[21] *Prescriptive Information* (PI)
(http://www.scitopics.com/Prescriptive_Information_PI.html)

respecto? En el caso de la información biológica, el resultado es igual. Por ejemplo, secuencias repetidas (elementos dispersos o tándem), casi siempre resultan en enfermedades. En otros casos, la secuencia se mantiene completamente neutral, o sin algún funcionamiento. Aun, lo más problemático no son las secuencias que contienen información codificante cuando se trata de explicar la evolución de sistemas sencillos a sistemas complejos, sino el nivel jerárquico de información requerido para construir y organizar células, órganos, y nuevas formas corporales.

Como ya había comentado en otra ocasión, el incremento de la información cuantitativa es muy común y no tiene nada sorprendente encontrar organismos menos complejos con más material genético. La pregunta no es tanto sobre encontrar más material genético, se trata más bien de demonstrar como el "nuevo" material genético produce información cualitativa que explica cada nivel de complejidad jerárquicamente. Sigamos ahora con los tres procesos candidatos.

Transferencia de genes horizontal (TGH)

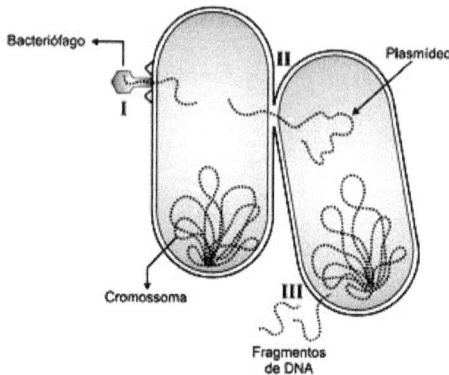

Está muy bien documentado que la transferencia de material genético entre procariotas ayuda en la adaptación a nuevos ambientes ecológicos, y en unos casos después de un evento de TGH los organismos hospederos también adquieren alguna resistencia a antibióticos. Aunque este tipo de selección es heredable entre estas especies, no contribuye al gran esquema evolutivo que se nos presenta para explicar el origen de nuevas formas morfológicas y tampoco se puede decir que aumenta la información biológica en el sentido de introducir nueva información en la biosfera. Lo más que se puede decir es que la TGH solo *reutiliza* información genética existente. Incluso, la mayoría de los genes transferidos (y cambios en general) resultan en una evolución neutral donde se encuentra solo una inmensa variación genética sin producir una variación fenotípica, es decir, de rasgos físicos o conductuales. La TGH implica todavía más la realización de que el árbol filogenético se desarraiga cuando la variación genética se desprende de una cuenta de progresión evolutiva lineal y gradual. Es decir, las secuencias que no concuerdan con el patrón requerido para crear relaciones filogenéticas trozan las ramas de ascendencia común. Esto ha creado el ímpetu de interpretar tales eventos de TGH como telarañas que unen las ramas del árbol para no perder el patrón representante del modelo Darwiniano:

"*En el enfoque filogenético, cada instancia de discordancia topológica entre un árbol genético y un árbol de referencia veraz es tomado como una instancia prima facie de TGH. La discordancia puede encontrarse a lo largo de toda la gama de profundidades nodales dentro de estos árboles, de recientes (géneros, especies) a antiguos, presumiblemente reflejando un comercio de material genético que ha sido constante desde tiempos pre-genómicos (Woese 2000). Visto de esta manera, cada genoma tiene TGH en su ascendencia.*"

Mark A. Ragan y Robert G. Beiko, *Tranferencia Genetica Lateral*: Teams Abiertos, Transacciones Filosóficas de la Sociedad Real *B*, Vol. 364:2241-51 (2009).

Esto también implica que cuando no hay manera de confirmar un evento de TGH, se infiere para solucionar discordancias entre datos de supuestas relaciones de ascendencia común, haciendo solo relaciones imaginarias no sujetas a la falsificación.

Aun más, una de las preguntas que surge sobre esta propuesta es de cómo la TGH afecta la línea germinal en organismos complejos para que los cambios adaptivos que supuestamente adquieren los organismos hospederos sean heredados por la siguiente generación al promover el cambio necesario para explicar la diversidad biológica. Hasta este punto no habido una respuesta convincente.

Duplicación cromosómica

La *duplicación cromosómica* ocurre cuando un gen (partes de un gen, varios genes, parte de un cromosoma, o cromosomas enteros) se duplica durante la replicación del ADN. Si se duplica un gen esencial en una línea germinal, la duplicación pudiera resultar neutral o adquirir mutaciones que puede, teóricamente, contribuir como fuente de nuevo material genético. Casos de duplicación cromosómica han sido documentados y son especialmente comunes entre plantas. La teoría, según el genetista Susumo Ohno, es que la duplicación asumiera un papel divergente y pudiera producir un efecto ventajoso para el organismo. Este tipo de cambio, se argumenta, contribuye a la evolución macroevolutiva y es también un ejemplo de cómo se incrementa la información biológica en las especies. El filosofo de ciencia, Niall Shanks, nos asegura que la *"duplicación es la forma en que los organismos adquieren nuevos genes. No aparecen por arte de magia; aparecen como resultado de la duplicación."* Aunque este fenómeno si es común, veremos ahora si es cierto que produce nueva información biológica y por extensión una nueva función adaptiva.

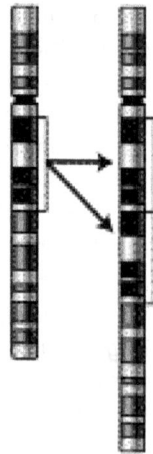

Recuerden que la definición de información a la que me refiero no es cuantitativa, sino cualitativa. Esto implica que el tipo de información adquirida requiere también una divergencia funcional sin interrumpir la función del gene de donde originó la duplicación.

Un ejemplo frecuentemente citado es que la hemoglobina es un antiguo parálogo de la mioglobina. Es decir, la mioglobina y hemoglobina se dicen estar ligadas por una duplicación génica (más claro, la hemoglobina se supone haber derivado de un duplicado de la mioglobina). Sin embargo, su función básica (es decir, el transporte de oxígeno) sigue siendo el mismo, principalmente debido a limitaciones reglamentarias. Aparte de que este evento de duplicación nunca fue observado, falla como ejemplo de divergencia funcional. No contribuya nada a la divergencia funcional y así no se puede decir que aumenta la información cualitativamente.

Otro ejemplo común es el de las enzimas producidas a través de la duplicación de genes que son capaces de desbaratar la RNA dietética con mayores niveles de acidez en nuestro intestino. Estas también adquirieron la misma función que las enzimas originales. Las enzimas se pueden clasificar según el tipo de reacción química catalizada. Por ejemplo, la adición o eliminación de agua, la transferencia de electrones, la transferencia de un radical, o cambiar la geometría o la estructura de una molécula. La literatura nunca toma en cuenta la divergencia requerida para llegar a tales funcionamientos, solo se asumen de los ejemplos más conservativos. Lo que demuestra esto es que la selección de tales cambios es excelente para explicar la purificación y preservación de las especies, no la emergencia de nuevos funcionamientos. En estos cambios de límite particular, la duplicación no cambia función sino adopta una variación del mismo funcionamiento para que el organismo perdure en su nuevo ambiente.

Nuevos genes del ADN no codificante

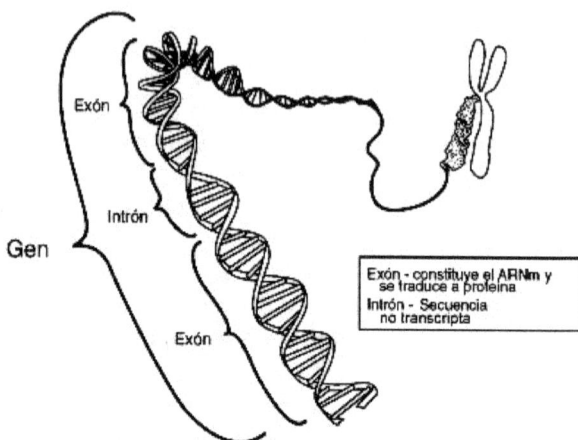

Uno de los argumentos más recientes en la literatura tiene que ver con la creación de nuevos genes del ADN no codifícate. Según esta teoría, el ADN basura adquiere mutaciones que producen un código funcional para crear nuevas proteínas. En este escenario, se comparan las secuencias genéticas entre diferentes especies y se asume una relación ancestral que se deriva de las diferencias ente las secuencias comparadas. El problema con este método es que no se puede confirmar si el nuevo código que supuestamente provino de uno no codificante tuvo alguna función anteriormente y simplemente volvió a su función original. Los estudios genómicos demuestran que ninguna de estas secuencias tiene homólogos codificantes pero son consistentes con el modelo que se propone si primero se apropia una relación ancestral. Uno de los estudios más citados (David G. Knowles y Aoife McLysaght)[22] explica:

"...**El origen de nuevos genes de ADN no codificante es extremadamente raro, y se conocen muy pocos ejemplos en**

---

[22] *Recent de novo origin of human protein-coding genes* (http://www.ncbi.nlm.nih.gov/pmc/articles/PMC2765279/)

eucariotas. Presentamos evidencia del origen *de novo* **de al menos tres genes humanos de codificación de proteínas desde la divergencia con el chimpancé.** Cada uno de estos genes no tiene homólogos de codificación de proteínas en cualquier otro genoma, pero es compatible con las pruebas de expresión y sobre todo, de datos proteómicos. **La ausencia de estos genes en el chimpancé y el Macaco no puede explicarse por lagunas de secuenciación o error de anotación.** Datos de secuencia de alta calidad indican que estos *loci* son ADN no codificante en otros primates. Además, el chimpancé, gorila, gibbon y macaco comparten la misma diferencia de secuencia incapacitante, apoyando la inferencia que la secuencia ancestral fue no codificante y no la posibilidad alternativa de inactivación de gen paralelo en varios linajes de primates. Los genes no se caracterizaron bien, pero curiosamente, **uno de ellos fue identificado como un gen regulado hasta en la leucemia linfocítica crónica.** Esta es la primera evidencia de totalmente nuevos genes específicamente-humanos de codificación de proteínas procedentes de secuencias ancestralmente no codificantes. Estimamos que puede haberse originado 0,075% de genes humanos a través de este mecanismo, trasladando una expectativa total de 18 casos de un genoma de 24.000 genes de codificación de proteínas." (Énfasis mío)

Como declara este resumen, las conclusiones provienen solo después de establecer una relación ancestral—y mas—los estudios no demuestran una evolución favorable al organismo, al contrarío, los nuevos genes demuestran ser letales para el mismo. Como ven, aquí se han expuesto los tres mecanismos candidatos que se han ofrecido para explicar la incrementación de la información biológica. Los mecanismos propuestos, aislados o en conjunto, nunca se han comprobado demostrar algún cambio vertical sobre la historia de la vida.

Ahora, si los datos empíricos nos dicen que la información prescriptiva solo proviene de alguna agencia inteligente y los mecanismos no han logrado producir la misma, diga usted lector...¿cuál es la mejor explicación de tal fenómeno?

Capítulo V

LA INFORMACIÓN BIOLÓGICA
Felipe Aizpún

De la poca literatura publicada en lengua castellana sobre el DI cabe destacar el libro de William Dembski titulado precisamente así, Diseño Inteligente, y publicado por Homo Legens Scientia en 2006. Se trata de la traducción de la obra de Dembski publicada originalmente en Estados Unidos en 2004 con el título de "The Design Revolution". Un libro absolutamente recomendable por muchos conceptos y entre ellos, porque no sólo recoge los planteamientos generales del discurso del DI sino también un buen abanico de respuestas a los argumentos que, al momento de la publicación, más comúnmente se venían oponiendo a dicho discurso.

En el capítulo 11 del libro Dembski nos acerca a su idea del famoso "filtro explicativo", es decir, el argumento de la inferencia de diseño a partir de la constatación de la complejidad especificada de un evento o de una estructura funcional. Durante las dos últimas décadas el mensaje del DI ha venido presidido por dos argumentos principales, el de la complejidad irreductible de Michael Behe y el de la complejidad especificada de William Dembski, si bien algunos proponen que la complejidad irreductible debiera presentarse como un caso concreto dentro del más amplio concepto de la complejidad especificada. Sea como fuere el hecho es que el argumento de la complejidad irreductible, dada su enorme contundencia y su fácil comprensión ha hecho fortuna por sí solo. Menos conocido es el argumento de Dembski para el público generalista aunque igualmente consistente y fácil de captar; se concreta en el ejemplo de su popular filtro explicativo, un diagrama sencillo y eficaz que nos permite discriminar conceptual y lógicamente los eventos para detectar la existencia de complejidad especificada.

Dembski nos explica que enfrentados a un evento determinado debemos primeramente discernir si se trata de un evento necesario o contingente, si se trata por lo tanto de algo determinado por alguna ley invariable de la Naturaleza o no. Si lo fuese nos encontraríamos ante un evento estrictamente necesario y nada más podríamos colegir. Si por el contrario nos encontramos ante un evento contingente deberemos reparar en si se trata de un dato de la realidad que pueda expresarse en términos de una alta complejidad o bien de un patrón ordenado y repetitivo. Un patrón ordenado que carezca de un grado suficiente de complejidad no nos permite en principio inferir la existencia de diseño intencional es decir, de una causalidad inteligente.

Pero la complejidad no es necesariamente funcional, la complejidad como concepto simplemente nos informa de la alta improbabilidad de ocurrencia de un determinado evento o dato; sin embargo, también el simple azar, es decir, la determinación fortuita o no guiada de una serie amplia de datos alternativos puede resultar en la conformación de un evento con grandes dosis de complejidad. Pero no toda complejidad es funcional. A este carácter funcional es a lo que Dembski denomina especificidad. La complejidad especificada es, por lo tanto, la característica de un evento que resulta más razonable atribuir a una causalidad inteligente como consecuencia de su improbabilidad y su carácter funcional.

Dembski nos pone el siguiente ejemplo. Un hombre ha sido capaz de abrir una caja fuerte sujeta a un mecanismo de cierre basado en una cierta combinación. La rueda que dirige las opciones a aplicar al mecanismo tiene cien posiciones diferentes ente la 00 y la 99 y son precisas cinco posiciones consecutivas y correctas para abrir la caja. Hay por lo tanto diez mil millones de combinaciones posibles (100 elevado a la 5ª potencia) y sólo una capaz de abrir la caja fuerte. Si una persona abriese la caja fuerte al primer intento nos encontraríamos ante un suceso contingente, no determinado ni necesario. Sería además un suceso altamente improbable y complejo. Por último, el hecho de resultar especificado, es decir, exitoso en el resultado funcional obtenido nos permitiría inferir que no se trataba de un hecho fortuito sino plenamente intencional y dirigido por una decisión inteligente: el sujeto sin duda conocía la combinación.

Por supuesto lo interesante de este método de razonamiento es su aplicación a los eventos "naturales", es decir, a las cosas funcionales y asombrosamente diseñadas presentes en la Naturaleza. Por ejemplo, la altísima improbabilidad de obtener por puro azar, una proteína, o lo que es lo mismo, un polímero con capacidad para desarrollar una función biológica de, pongamos por caso, más de 100 aminoácidos encadenados; o formas tan matemáticamente elegantes como las que responden a la serie de Fibonacci (en la cual cada número es la suma de los dos anteriores) tan presente en el mundo vegetal y animal.

Es habitual la crítica de que los datos de la Naturaleza no precisan una explicación adicional y que atribuir, merced al filtro explicativo, un carácter no natural a las cosas que la Naturaleza nos ofrece supone un ejemplo de la inconsistencia del método empleado. Dembski argumenta por el contrario que los sucesos que denominamos naturales porque se nos hacen presentes en la realidad que conocemos no se justifican plenamente en términos de causalidad; lo que se trata de inferir no es el origen no natural del hecho en sí o de la estructura biológica en concreto sino el origen de su diseño y su funcionalidad. Lo que el filtro nos permite aventurar no es que la cosa en sí que presenta huellas de diseño ha emergido a la realidad por un acto creador o sobrenatural, sino que el origen del diseño que presenta la cosa está en una causa inteligente ya que su complejidad especificada no permite asumir que se haya formado de manera fortuita.

El filtro explicativo de Dembski y en general su teoría de la complejidad especificada como huella de diseño inteligente descansa principalmente sobre un principio lógico-matemático muy extendido y generalmente aceptado: es el hecho de que existe un umbral conocido como límite de la probabilidad universal, de tal manera que los acontecimientos cuya probabilidad estadística quede más allá de dicho límite no podrán reputarse legítimamente como hechos meramente fortuitos. Dembski considera que una estimación prudente de dicho límite sería de 1 entre 10 elevado a 150, que se correspondería con los recursos probabilísticos del Universo conocido. Si tenemos en cuenta que la probabilidad puramente estadística de construcción por azar de una sola proteína funcional de tamaño medio (unos 150 aminoácidos) es de 1 entre 10 elevado a 180 no es de extrañar que la contemplación del inabarcable cosmos de complejidad funcional que encierra el más pequeño de los sistemas biológicos resulte, desde el punto de vista del filtro explicativo de Dembski, una clamorosa reivindicación de diseño inteligentemente originado.

David L. Abel y las tres categorías de causalidad

La idea del filtro explicativo de Dembski, se conoce como una reivindicación de la necesidad de superar el manido paradigma naturalista del azar y la necesidad como únicas causas posibles de todo lo existente. Para Dembski, la complejidad especificada de los eventos o de los elementos presentes en la Naturaleza denotan la huella de diseño y por lo tanto la legitimidad de invocar una nueva opción causal para explicar la realidad. De hecho la propuesta de Dembski merece una acotación, el diseño no es en sí mismo una forma de causa eficiente. El diseño puede ser descrito como la disposición ordenada de elementos capaz de hacer emerger un patrón eficaz o una función. En este sentido el diseño puede ser reivindicado como causa formal pero no estrictamente como una alternativa a la determinación causa-efecto de las leyes físicas o al azar, cualquiera que sea el valor de este concepto en términos de causalidad. En este sentido, y desde un punto de vista conceptual, resultan definitivamente esclarecedores los trabajos del profesor Abel sobre las categorías de causalidad observables en la Naturaleza.

Abel nos presenta dos categorías fundamentales, la necesidad causa-efecto impuesta por las leyes de la Naturaleza y el evento contingente. En cuanto a la contingencia a su vez propone dos alternativas, el evento contingente fortuito (random contingency) y el evento contingente fruto de una elección deliberada (choice contingency). Como los trabajos de Abel no han sido todavía traducidos al español me permitiré bautizar algunos de los conceptos esenciales a los mismos, de manera provisional; así hablaremos de *contingencia fortuita* para "random contingency" y de *selección contingente* para "choice contingency". La expresión *selección contingente* conecta, por otro lado, con el "Genetic Selection Principle", otra de las aportaciones fundamentales del pensamiento del profesor Abel y a la que nos referiremos en otra ocasión.

Por supuesto Abel tiene claro que la idea de azar sólo puede ser invocada como recurso de causalidad de forma metafórica. Aún así, lo mantiene en su esquema para designar aquellos eventos que no pueden ser previstos de forma exacta, que acontecen según modelos dinámicos no lineales de determinación o que suponen la consecuencia de la conjunción de una multiplicidad de determinaciones imposibles de predecir o medir. Por su parte, la *selección contingente* nos enfrenta a la idea misma de la selección natural como causa de la complejidad funcional de los seres vivos. Abel insiste en que la selección natural sólo puede discriminar entre aquello previamente existente y que la complejidad funcional sólo puede nacer de la previa selección arbitraria de variables al servicio de una función preconcebida:

> *"La selección natural es siempre posterior a la programación. Para que un paradigma científico pueda incluir todos los datos repetidamente observables, la selección contingente (selección para una función potencial todavía no existente, y no selección de la mejor función ya-existente) debe ser incluida entre las categorías fundamentales de la realidad juntamente con azar y necesidad."*

David L. Abel, *The capabilities of chaos and complexity*

Abel ha desarrollado sus teorías básicamente en el estudio de los procesos de la vida y de forma significativa en el proceso esencial a la misma de la síntesis proteica. Las proteínas son cadenas de aminoácidos que se van conformando como la construcción de un artefacto mediante la selección uno a uno, en nudos decisorios concretos (espacio-tiempo) mediante la labor de una compleja maquinaria molecular que actúa al dictado de la información prescriptiva contenida en las secuencias genéticas del ADN (una vez transcritas al ARN mensajero). Cada aminoácido añadido a la cadena constituye un evento que puede ser estudiado en términos de causalidad y que resulta evidente que no puede ser descrito ni como un hecho fortuito ni como un hecho necesario. Es evidente que, por razones que desconocemos, la maquinaria molecular (el ribotipo, en palabras de Barbieri) "obedece" y "ejecuta" las instrucciones que emanan del ADN codificante, pero sabemos con exactitud que el proceso de transcripción no está determinado en términos físico-dinámicos. El proceso es perfectamente contingente ya que la selección de uno u otro aminoácido para la conformación de cada eslabón de la cadena es un evento arbitrario, cualquiera de los 20 aminoácidos funcionales que intervienen en los procesos de la vida tiene la misma disposición o determinación físico-química para incorporarse a la cadena en cada momento del proceso. Nos enfrentamos por la tanto a eventos que sólo pueden ser descritos como determinaciones arbitrarias, es decir, como auténtica selección deliberada y aparentemente orientada a un logro funcional.

Es evidente que tal proceso constructivo es ejecutado por "agentes" que carecen de facultades cognitivas y a los que sería abusivo atribuir carácter intencional en su tarea. Lo cual nos reporta necesariamente la fuente del carácter selectivo del proceso que no es otro que la secuencia específica genética que ha determinado el proceso. Cada secuencia genética se nos presenta entonces como el producto de una selección contingente a su vez. Cada base nitrogenada ocupa un lugar no determinado en la secuencia por principio alguno de necesidad. No existe constricción físico-química que prescriba las secuencias genéticas del ADN. La agrupación de las mismas en codones (agrupaciones de tres bases) resulta también perfectamente arbitraria y los codones lo son en realidad en la medida en que son así tomados de tres en tres para su lectura e interpretación por parte de la maquinaria molecular encargada de su transcripción. La existencia de secuencias específicas desafía racionalmente cualquier explicación aleatoria o fortuita, y se resiste a cualquier justificación determinista. La *selección contingente* se nos presenta por tanto como una alternativa racional imprescindible para explicar la realidad superando la dicotomía naturalista tradicional de azar o necesidad.

Se trata de una categoría de causalidad que nos ayuda a comprender mejor la realidad y que se refiere a los eventos naturales que conocemos. No se trata de una metáfora ni de una lectura antropomórfica de los eventos naturales que conocemos. Se trata de procesos dinámicos existentes desde mucho antes de la llegada de los seres racionales al mundo de los vivientes. Son procesos que ponen de manifiesto dos dimensiones ineludibles de la vida. Por un lado su carácter de sistema cibernético, es decir, sustentado sobre la selección en nudos decisorios de alternativas con eficacia prescriptiva. Por otro lado su carácter de sistema semiótico, basado en la interpretación de instrucciones y su ejecución mediante la atribución arbitraria de significados funcionales a los signos contenidos en las secuencias genéticas.

La Información Prescriptiva: De Von Neumann a David L. Abel

El biólogo teórico norteamericano, David L. Abel, en sus diversos trabajos, a menudo con la destacable colaboración del profesor Jack T. Trevors de la Universidad de Guelph (Ontario, Canada), ha desarrollado el concepto de información prescriptiva, como una subespecie, junto con la información descriptiva, del género (perdón por la analogía) información funcional. Este a su vez viene a desmarcarse del concepto puramente estadístico y probabilístico, tan desafortunadamente exitoso en nuestros días, de la teoría de la información de Shannon. Los trabajos de Abel se refieren por supuesto al sentido prescriptivo de la información contenida en las secuencias genéticas de nuestro ADN.

Es importante reseñar que el concepto de información manejado por Abel debe desligarse, y así lo reclama con firmeza el propio Abel, de cualquier reminiscencia antropomórfica que pudiera querer hacer parecer la idea de información como una simple metáfora, como una descripción por mera analogía en relación o por cercanía al papel que la información, entendida como vehículo cultural de comunicación, tiene entre los seres racionales. Por el contrario, la información identificable en los mecanismos de la vida debe de ser considerada como un dato de la realidad independiente de la existencia de observador racional alguno. La información genética no es tal porque le hayamos asignado una identificación analógica, no es que nosotros la hayamos convertido en información transformando un recurso puramente físico en un concepto adaptado a la conveniencia de nuestro discurso, como un mero recurso explicativo. Por el contrario, nosotros como observadores racionales lo único que hacemos es descubrir y constatar el carácter de verdadera información y el papel que la misma desempeña en la programación y control de los mecanismos biológicos de los seres vivos.

Mucho antes de la aparición del primer observador racional, las formas vivas más elementales, desde el mismo inicio de la historia de la vida en nuestro planeta, presentaban ya la característica indeleble de sistemas semióticos, es decir, sistemas funcionales a partir de la existencia de signos y de intérpretes (maquinarias moleculares) capaces de construir artefactos, las proteínas, sobre las que descansa el peso del proceso metabólico de los seres vivos. No somos nosotros quienes hemos "creado" la idea de información genética, sino al contrario; es la información genética la que nos ha creado a nosotros. La información existía ya, por lo tanto, como una realidad diferenciada de la sustancia material que la contiene. Este concepto de información objetiva, se distingue así, y precede en el tiempo al concepto de información que estamos acostumbrados a manejar y que supone un proceso subjetivo de cognición y de comunicación entre seres racionales. Cualquiera que sea el origen y la causa de la información registrada en las secuencias del ADN de los primeros seres vivos, la existencia real, como un dato experimentable, de información, es un hecho incontestable.

Pero lo que hoy quiero traer a colación es que la existencia del carácter informacional en los mecanismos íntimos de la vida no es solamente una evidencia que se nos hace patente a partir del conocimiento profundo de la biología desarrollado en las últimas décadas. Para algunos, la existencia de un elemento informacional en los procesos de la vida era también, antes del descubrimiento del código genético, una necesidad racionalmente insoslayable.

Tal es el caso del eminente científico húngaro-estadounidense John von Neumann. Destacado matemático con importaciones aportaciones en el campo de la física cuántica, su interés por las ciencias de la computación, la cibernética o el análisis funcional le llevó a interesarse por la biología y en concreto por el carácter auto-replicante de los organismos vivos desarrollando el concepto de lo que hoy es conocido como máquinas de von Neumann o autómatas celulares.

Von Neumann se aplicó en estudiar, en términos puramente abstractos, la naturaleza del acto de la auto-replicación en los seres vivos y la lógica interna de un proceso de evolución caracterizado por el acrecimiento progresivo de complejidad en los mismos. Dos elementos resultaban imprescindibles y perfectamente identificables: la descripción simbólica por un lado, y la construcción material por otro. El desafío radicaba en entender cómo y porqué los organismos vivos tenían la capacidad de aumentar el umbral de la complejidad en vez de decaer o deshacerse. El argumento lógico a favor de la necesidad de la existencia de símbolos como elementos separados y diferenciados del proceso dinámico de construcción del organismo vivo era esencialmente informal y en gran medida puramente intuitivo.

El razonamiento de von Neumann se basaba en la comprensión de que el medio de comunicación que alimenta un autómata material es independiente del autómata en sí o de la función que realiza. Comprendió así que símbolos y materia o energía son categorías esenciales diferentes, y que ello se confirma en la distinción elemental entre software y hardware en el ámbito de los computadores y la informática. Ello le permitió predecir correctamente cómo podían replicarse las células con antelación al descubrimiento estrictamente científico de los mecanismos genéticos subyacentes a la copia y traducción de la información contenida en el ADN.

Von Neumann comprendió que el proceso de replicación celular sólo podía entenderse como un proceso de construcción a partir de una "descripción" del original que debía ser replicado, y mediante la ejecución de "instrucciones" que exigían ser interpretadas. Esto nos lleva al reconocimiento de que una descripción simbólica, cualquiera que sea su forma, tiene una estructura física diferente e independiente del resultado interpretativo de la misma. Leer la descripción supone interpretar su significado. Copiar una secuencia genética es una cosa, interpretarla para construir un organismo vivo diferente del original es algo bien distinto. En su época, la lógica de von Neumann resultaba verdaderamente iluminadora y permitía aventurar que la evolución "creativa" suponía algo más que una mera cadena de reacciones químicas fortuitas en un escenario de tiempo geológico inmensamente amplio. Era preciso que existiera una reserva de "memoria" informacional independiente del tiempo, que merced a mecanismos de interpretación y codificación y decodificación controlara el proceso dinámico de construcción y síntesis química inherente al hecho de vivir.

Von Neumann intuyó, de forma puramente abstracta, el carácter prescriptivo de la información genética. Por supuesto esto no hace sino desencadenar nuevas preguntas en mayor medida que aportar soluciones definitivas. Lo que cabe plantearse a renglón seguido es cuál es el origen y el sentido teleológico del proceso, de dónde y porqué surge la información y cómo han emergido las capacidades interpretativas de la maquinaria molecular interviniente en el proceso. Estas son, evidentemente, las preguntas que intentamos abordar desde el discurso del Diseño Inteligente. Von Neumann por su parte reconoció carecer por completo de explicación alguna en torno al origen del enigma. En concreto declaró: *"Que tales complejas interacciones simplemente ocurran en el mundo es un misterio de primera magnitud".*

Medio siglo después, estimado profesor von Neumann, el misterio sigue sin resolverse, y no sé qué me hace pensar que si seguimos empeñados en proponer explicaciones puramente naturalistas al mismo, la cosa va para largo.

En torno a la Información Genética: ¿Qué quiere decir "Información"?

La idea de que el ADN contenido en cada célula de nuestro cuerpo debe ser considerado como información de carácter genético se ha hecho ampliamente popular y sin embargo, no siempre se sabe suficientemente lo que se quiere expresar con tal afirmación.

En concreto resulta necesario remontarnos hasta los primeros años del pasado siglo XX para identificar el momento en el que el concepto de información empezó a convertirse en una "preocupación" para la ciencia. En 1909, Wilhelm Johannsen introducía por primera vez el concepto de "gen" como la existencia de una sede molecular capaz de justificar o corresponderse con un determinado rasgo morfológico. Pero a su vez, estas intuiciones no pueden ser entendidas sin recordar la confirmación del epigenetismo allá por las primeras décadas del siglo XIX. En efecto, los trabajos de von Baer en 1828 acabaron de confirmar que las teorías preformacionistas carecían por completo de soporte científico. Por el contrario, la epigénesis como concepto descriptivo del proceso de desarrollo embrionario debía de ser reputada como definitiva. El desarrollo de un organismo vivo no es, por lo tanto, un simple crecimiento de órganos preformados (un homúnculo diminuto que aumenta de tamaño) sino una auténtica epigénesis, es decir, un proceso de generación de complejidad y de organización hasta la formación completa de la totalidad funcional que es un ser vivo. Este proceso implica por lo tanto, la existencia de alguna forma de intercambio "informacional" en el seno de cada ser vivo que pueda explicar el problema de la determinación de las células; es decir, el problema de la diferenciación de células que siendo originariamente idénticas van determinándose a lo largo del proceso de desarrollo embrionario en funciones diferenciadas y diversas para conformar las distintas estructuras y sistemas de que se compone un organismo vivo pluricelular.

En su tiempo Johannsen no tenía ninguna idea sobre cómo este gen, es decir, la "unidad hereditaria", podía estar exactamente conformado o cómo podía realmente actuar. Las teorías hereditarias germinales se nos ofrecían por tanto como una intuición inexplicada en relación al procedimiento concreto de interacción de dicho germen con relación al resto del material celular para provocar el desarrollo y emergencia de un organismo plenamente novedoso. Lo que sí resultaba evidente a partir del conocimiento científico existente en el momento es que la distinción entre el genotipo heredable y el fenotipo metabólico era conceptualmente imprescindible y que la relación entre ambos estaba sostenida por algún tipo de proceso de naturaleza informacional. Este carácter informacional quiere decir, en concreto, que los genes presentan un carácter funcional en la medida en que sirven para la creación de algo distinto de sí mismos para el sistema del que ellos mismos forman parte.

El descubrimiento años más tarde del código genético vino a clarificar y confirmar el carácter informacional de las secuencias moleculares que constituyen nuestro material genético. Entendemos por código genético la correspondencia unívoca entre las bases de nucleótidos que se agrupan en cadenas lineales formando los genes de nuestro ADN y los aminoácidos que forman parte de las proteínas y que, al plegarse, adquieren un carácter funcional para el sostenimiento de nuestra actividad biológica. Las bases nitrogenadas se agrupan, como es conocido, de tres en tres, formando codones y cada codón "codifica" por un aminoácido. De esta forma, cada proteína es construida en el interior de la célula por una complicada maquinaria molecular.

Las secuencias de bases nitrogenadas contenidas en el ADN en el interior del núcleo celular son copiadas inicialmente para formar el

ARN mensajero (ácido ribonucleico), es decir, son copiadas para extraer la información pertinente al exterior del núcleo, en el citoplasma de la célula, donde otra maquinaria molecular, el ARN ribosómico, se aplicará en la traducción de dicho mensaje para la construcción de una cadena de aminoácidos (un polipéptido), que por sí mismo o en unión de otros polipéptidos dará origen a una proteína. En el ribosoma se produce el proceso de identificación de los codones y de prescripción de los correspondientes aminoácidos que serán aportados por otro complejo molecular independiente, el ARN de transferencia, para su exacto y preciso ensamblaje. Cada uno de estos ARN es sintetizado con ayuda de una enzima denominada ARN polimerasa, de la que existe una variante para cada ARN.

Así por lo tanto, lo que se trata de poner de manifiesto cuando hablamos de información genética es el hecho de que las funciones biológicas de nuestro organismo están determinadas por un sistema de transcripción encargado de generar las proteínas, a partir de un "mensaje" codificado en las secuencias del ADN. Los genes, o secuencias moleculares codificantes, no producen directamente las proteínas; los genes no fabrican ni provocan, en términos físicodinámicos, su construcción. Pero los genes sí prescriben dicha construcción, en la medida en que las secuencias moleculares que los conforman son interpretadas por la maquinaria molecular de forma inequívoca, y de acuerdo con un código perfectamente establecido y casi universalmente válido para todos los organismos vivos, para la selección de los aminoácidos que conforman la cadena proteica.

Este concepto de selección es fundamental para entender los mecanismos de la vida. Las cadenas de aminoácidos que a la postre, y solamente cuando se hayan plegado en forma tridimensional, adquieren su capacidad funcional en el seno del organismo, son objeto de una construcción específica, son por lo tanto y de manera perfectamente exacta y no metafórica auténticos artefactos. Pero la construcción de los mismos es un proceso perfectamente arbitrario y fruto de una selección contingente. Existen un total de veinte aminoácidos funcionales diferentes. La selección en cada paso de un aminoácido concreto es determinante para obtener el carácter funcional de la proteína. La selección se produce bajo la prescripción de los codones procedentes del material genético del núcleo de la célula, pero no se produce, en ningún caso, como consecuencia del influjo de ley o determinismo físico-químico alguno. La relación entre los codones y los aminoácidos es perfectamente arbitraria y es precisamente ese carácter arbitrario el que confiere a la relación unívoca entre ambos mundo (genes y proteínas) el carácter de "código". En esta relación codificante, las secuencias genéticas cumplen la función de mera información. No son eficaces por sí mismas para la producción de los polipéptidos pero sí son determinantes para prescribir el trabajo constructivo de la maquinaria molecular en el interior de la célula. Se convierten por lo tanto en un "mensaje", constituyen auténtica información prescriptiva. No se trata de una metáfora, sino de un dato de la realidad.

De esta forma, las cadenas de aminoácidos se construyen, no como un evento fortuito, no como resultado del mero azar, ni tampoco como producto de un determinismo físicodinámico que pudiera entrar en el ámbito de la necesidad impuesta por las leyes naturales que conocemos. La dinámica íntima de la vida nos enfrenta de plano a una tercera categoría de causalidad en los eventos naturales que conocemos, la selección contingente (choice contingency) imbuida en sede genética y representada por la relación formal unívoca entre los codones y sus correspondientes aminoácidos.

Información, Significado y Códigos Orgánicos

Veíamos por qué atribuimos a las secuencias codificantes del genoma el carácter de información. Recordemos que la información es una realidad formal; no es materia ni energía, ni tampoco una propiedad que emana de la interacción de ambas. No puede ser reducida a mera fisicalidad, no tiene masa, no pesa, no surge como consecuencia de procesos físico-dinámicos de ningún tipo. La información no es el conjunto o la serie concreta de moléculas que conforman una tira de nucleótidos, la información no se identifica con las bases nitrogenadas del genoma. La información tiene una sede material, el genoma, pero no se identifica con él, está en él pero no es él.

La información no puede pesarse ni medirse ni puede ser observada al microscopio y sin embargo, es un dato tan real como cualquier accidente físico de la realidad material. Es posible detectarla de manera inequívoca a partir de la experiencia sensible, a partir de la evidencia de los eventos naturales, como una inferencia racional segura.

La idea de información lleva aparejada expresamente la idea de significado. Algo contiene información en la medida en que existe un soporte material simbólico que nos conecta con algún otro objeto sensible de la realidad de forma inequívoca. La información descansa y se transmite en un sistema simbólico material, en el caso del genoma, el sistema de símbolos, es decir, el alfabeto genético, está compuesto por cuatro bases nitrogenadas: la Guanina, la Adenina, la Timina y la Citicina. Estas bases se agrupan en codones o conjuntos de tres para adquirir un significado biológico concreto. Cada codón codifica por un aminoácido específico y la secuencia de codones en un gen permite la construcción de un polipéptido y en última instancia de una proteína.

Existe por lo tanto una semántica de la vida, es decir, una relación entre determinadas moléculas que actúan como soporte simbólico de una determinada información y otras que son conformadas como un significado determinado por aquellas. Se trata de una relación unívoca perfectamente arbitraria, es decir, no determinada por las leyes físico-químicas que gobiernan el mundo material. Esta relación unívoca y permanente es lo que denominamos código genético. Un código es una relación arbitraria entre dos universos inconexos, es decir, entre dos universos (en este caso el mundo de las secuencias genéticas por un lado y el de los aminoácidos por otro) que no se determinan por procesos físico-dinámicos. Si existiera una determinación necesaria entre uno y otro universo no estaríamos hablando de códigos ni de información sino de meras relaciones de necesidad impuestas por las leyes naturales que conocemos.

No es el caso. La vida no se sostiene sobre relaciones físico-químicas necesarias sino sobre funciones biológicas que emergen y se sustentan en el carácter arbitrario de los códigos orgánicos. Hablo de códigos orgánicos en general para subrayar que si bien el código genético es el principal y más conocido de todos ellos, las investigaciones de los últimos años han ido poniendo de manifiesto la existencia de una variedad de funciones en nuestro organismo que se producen también mediante la correspondencia arbitraria de significados biológicos entre determinadas moléculas y el correspondiente resultado funcional que las mismas prescriben.

Por supuesto la ejecución del significado de los códigos orgánicos necesita de un intérprete (se suelen denominar adaptadores) que materialice el contenido informacional del sistema material de símbolos. En el caso del código genético, existe un complejo sistema de maquinaria molecular que copia las secuencias del genoma, las extrae fuera del núcleo de la célula y ya en el citoplasma procede a la traducción y construcción de la proteína prescrita por la información genética. Esta compleja maquinaria ha sido descrita por el profesor Marcello Barbieri como el *ribotipo*, por oposición o como complemento de los conceptos genotipo (la sede de la información) y fenotipo (el resultado semántico de dicha información, su significado).

El ribotipo por lo tanto sería el intérprete del código genético y el ejecutor de las instrucciones (información prescriptiva) contenidas en el genoma. De esta manera, genotipo, ribotipo y fenotipo constituyen la tríada que conforma, de manera evidente, un sistema semiótico de acuerdo con el modelo generalmente aceptado de Charles Sanders Peirce. Ello ha dado lugar al desarrollo en las últimas décadas de la semiótica de la vida de la que el profesor Barbieri antes mencionado es uno de los principales exponentes en el panorama científico contemporáneo.

La semiótica es la ciencia de los signos, la ciencia que estudia las relaciones entre los signos, símbolos y significados y los aspectos formales de tales relaciones. La biosemiótica es la ciencia que emerge a partir del conocimiento de la biología más avanzada y del hecho de que las células, de acuerdo con lo que sabemos, pueden ser identificadas como sistemas semióticos ya que contienen los elementos identificativos de procesos de tal naturaleza y porque tales procesos semióticos no sólo están presentes sino que suponen el corazón mismo que soporta el carácter funcional de una estructura biológica.

Naturalmente estas consideraciones representan un poderoso quebradero de cabeza para los proponentes de un paradigma naturalista. Por eso, a menudo se reivindica que la idea de código genético no debe de ser tomada de forma literal sino que, por el contrario debe ser entendida como una metáfora. De la misma forma se pretende que la idea de información debe ser retenida en el seno del concepto de información en Shannon, únicamente como una concreción estadística de posibles alternativas combinatorias, y que la idea de significado debe ser también desechada por su capacidad de inducir a confusión. Todas estas peligrosas intuiciones podrían ser usadas, al fin y al cabo, por los proponentes del DI para destacar la necesidad de un ámbito explicativo de la realidad que trascienda el naturalismo y el fisicalismo que constituyen la ortodoxia establecida.

La biosemiótica, a pesar de todo, se ha consolidado como una disciplina consistente en el panorama científico contemporáneo y, se mueve, eso sí, de forma respetuosa en el ámbito del naturalismo más ortodoxo. Sin embargo reivindica la evidencia de la existencia en la Naturaleza de sistemas indiscutiblemente semióticos en los que la presencia de contenidos informacionales arbitrarios y relaciones unívocas de significación en, al menos, unos veinte códigos orgánicos diferentes, constituye una realidad aplastante que no puede ser obviada. No se trata de metáforas sino de mecanismos perfectamente identificables y reconocibles por su carácter de significación simbólica.

Interpretar su existencia en clave estrictamente naturalista como propone Barbieri o profundizar en la necesidad de invocar una causalidad inteligente en el origen de tales mecanismos es quizás, en estos momentos, uno de los puntos esenciales del debate sobre los orígenes.

Capítulo VI

COMPLEJIDAD IRREDUCTIBLE
Cristian Aguirre

Cómo entender la complejidad irreductible

Refutar y enterrar el concepto de "Complejidad irreductible" propuesto para la bioquímica por el bioquímico Michael Behe es un compromiso esencial para los defensores del discurso evolutivo dado que de ser real haría de la tesis macroevolutiva un imposible matemático y para ellos esto no es posible tolerar.

Se ha afirmado que todos los casos propuestos por Behe han sido debidamente refutados y que, por ello, podemos respirar aliviados de que esta siniestra amenaza al saber políticamente correcto, haya sido al fin conjurada y arrinconada a los oscuros arrabales de la seudociencia.

Veamos que nos dicen las matemáticas, pero no las matemáticas complejas o los términos matemáticos eruditos que puedan impresionar más no persuadir, sino conceptos matemáticos sencillos y fáciles de entender. Una de las expresiones acertadas de Einstein fue aquella en la cual dijo que uno realmente había entendido algo si era capaz de explicárselo a su abuela.

Lamentablemente el concepto de complejidad irreductible no es correctamente entendido tanto por los entendidos en ciencia como por científicos profesionales. Y quizás porque en muchos casos, en el fondo, no quieren entenderlo.

Imaginemos un concierto en el cual se reúnen un grupo de distintos músicos especialistas en un determinado instrumento musical. Todos ellos se reúnen bajo la batuta de un director de orquesta y, bajo las premisas que haya establecido el director, necesitarán más o menos músicos. Supongamos ahora que durante una presentación un músico no se puede presentar. Si el director lo considera oportuno cancelará la presentación o dirá: "Me bastaré con el resto". Hay quien considerará de modo subjetivo que si quita un instrumento clave en el concierto ya no será perfecta la obra y por ello no puede realizarse con dicha ausencia, pero sin embargo, ello no es impedimento ABSOLUTO para no poder presentar una obra musical. Supongamos que sucesivamente dejan de presentarse otros músicos y el director aún con un cada vez más reducido número de ellos decide aún presentar el concierto hasta que sólo queda uno. ¿Puede presentar el concierto con un solo músico? Si, será entonces un solista, pero aún tenemos una obra musical.

En el ejemplo hemos visto un caso de ADICIÓN FUNCIONAL, esto quiere decir que el caso presenta un conjunto aditivo de funciones. Cada músico es una función que se SUMA al resto de modo que la expresión matemática de modo sencillo sería:

Concierto = Músico 1 + Músico 2 + Músico 3 + ... + Músico n

Si cualquier músico se retira desaparece de la ecuación, pero el concierto aún es posible, incluso cuando se retiren todos menos uno. Dado que Concierto no puede ser igual a cero.

Si tomáramos el ejemplo en caso inverso veríamos que el concierto adquiere cada vez nuevos miembros lo cual exige del director saber organizarlos en aras de la armonía musical. Esta agregación funcional aditiva permite un resultado funcional que para el público y director puede ser impresionante, pero que matemáticamente, sino artísticamente, no es funcionalmente abortable por la ausencia de integrantes a no ser que no quede ninguno.

Veamos ahora otro ejemplo. Tenemos un sistema estructurado por 3 personas:

-El telegrafista del pueblo A
-El telegrafista del pueblo B
-El mensajero del pueblo B que lleva el telegrama al usuario final.

El sistema funciona así: Un habitante del pueblo A desea enviar un telegrama a un familiar del pueblo B en una época en la cual no existían otros medios de comunicación. Lo primero que necesita hacer es ir a la oficina del telegrafista de su pueblo y especificar un mensaje a telegrafiar. El telegrafista de A traduce el mensaje al código Morse y es enviado al pueblo B. En B el telegrafista de dicho pueblo traduce del código Morse dicho telegrama y lo transcribe en un formato de papel para dárselo al mensajero a fin de que lo envíe a la dirección señalada.

En este caso tendremos una PRODUCCIÓN FUNCIONAL con 3 factores que son los tres personajes antes aludidos cuyas funciones está asociada productivamente. Si cualquiera de ellos no está disponible ¿Recibirá el destinatario el telegrama? Definitivamente no.

Si no está disponible el telegrafista del pueblo A no podrá ser enviado el telegrama. Si no está disponible el telegrafista del pueblo B no se podrá trascribir del Morse. Y si no hay mensajero (y el telegrafista no puede realizar dicha función) no se recibirá el telegrama.

Matemáticamente en este caso las funcionalidades presentan la siguiente estructura:

Recepción telegráfica = Telegrafista A x Telegrafista B x Mensajero B

Aquí observamos que si cualquiera de ellos es cero, es decir, no está disponible, entonces no hay recepción telegráfica. Este caso es

IRREDUCTIBLEMENTE COMPLEJO para estos 3 personajes (o componentes de la estructura) porque si falta cualquiera de ellos el producto es CERO. No hay funcionamiento.

Qué pasaría si en lugar de 1 mensajero el pueblo B dispusiera de 2. Esta introducción de redundancia a la estructura incorporará la capacidad de no impedirse la recepción si uno de los mensajeros no está disponible. La expresión matemática será ahora así:

Recepción telegráfica = Telegrafista A x Telegrafista B x (Mensajero 1B + Mensajero 2B)

Y se observa con claridad que si se retira el mensajero 1B el telegrama aún podrá recibirse. Esta expresión es HÍBRIDA ya que presenta una combinación de ambos tipos de asociación funcional no siendo irreductiblemente compleja para los mensajeros más si para los telegrafistas.

Podemos concluir entonces con estos sencillos ejemplos que las estructuras funcionales pueden presentan componentes que sean productivamente esenciales y otros aditivamente prescindibles. El que existan en un contexto irreductiblemente complejo elementos cuya desaparición no aborte la funcionalidad no significa que no existan otros que si sean esenciales y su desaparición si aborte la funcionalidad. Y por ende que no exista la misma complejidad irreductible. Simplemente es cuestión de indagar, por ingeniería inversa, cuales son esenciales y cuáles no. Y por ultimo reconocer que los casos naturales e incluso artificiales no siempre pueden juzgarse como irreductiblemente complejos de modo absoluto ya que pueden ser casos en los cuales se hibriden componentes irreductibles con otros redundantes.

Existen otros conceptos matemáticos más profundos llamados "Funciones de dependencia" que analizan cómo una estructural es función de un componente en concreto y, su derivada, la "Sensibilidad" nos indica cómo la función es sensible al cambio de la misma. Pero ello demandaría una exposición matemática que escapa a las pretensiones de este articulo y por ello lo ignoraremos.

¿Qué nos dice lo expuesto?

Nos dice que la complejidad irreductible es una propiedad de las estructuras funcionales que poseen componentes vinculados productivamente y que el punto de "Ignición funcional" se encontrará en la frontera en la cual todos los componentes funcionales no redundantes estén presentes. Otra forma de definirlo sería cuando el algoritmo que estructura el proceso esté completo. Y el mínimo de recursos necesarios para alcanzar la función constituye la "Complejidad mínima funcional". Por lo menos este es el nombre que yo le daba a este concepto antes de conocer que Michael Behe lo había popularizado como "Complejidad Irreductible" en 1996.

Dado que la consecuencia de la asociación productiva es la complejidad irreductible y ello no es algo evidente y axiomático como bien podemos comprobar hasta el cansancio, podemos presentarla como un teorema que expresado con palabras sería el siguiente:

Teorema de la asociación productiva: Toda estructura en la que se asocie más de un componente de modo productivo tendrá complejidad mínima funcional (complejidad irreductible).

Demostración: Una asociación productiva implica una función que es producto de factores. Si tan sólo uno de los mismos es igual a cero, el producto del conjunto también será cero. En conclusión, si una función sólo es posible con la asociación productiva de un número de n factores, la complejidad de dicho conjunto representará su complejidad mínima funcional (complejidad irreductible).

Toda estructura funcional es pues algorítmica tanto en su función como en su construcción. Es decir, tiene un algoritmo para funcionar y otro para ser construido. Los esfuerzos científicos por encontrar una posible formación abiogenésica de la vida pretenden decirnos que, por procesos naturales en sistemas químicos dinámicos alejados del equilibrio, ciertos componentes pueden asociarse para formar protobiontes, es decir, mecanismos precursores de la vida. Cabría entonces preguntarnos ¿De qué modo matemático deberían asociarse estos componentes químicos para formar estos mecanismos precursores, de modo aditivo, productivo o híbrido?

Para los adscritos a la propuesta megaevolutiva es más factible que la biología sea una acreción acumulativa de funciones para que los procesos darwinianos puedan ser verosímilmente capaces de incrementar la complejidad biológica e incluso pretender "diseñar" de modo natural los complejos ingenios biológicos que podemos observar en la naturaleza.

Pero, ¿Es posible albergar la esperanza de que los mecanismos bioquímicos de la vida sean solo aditivos más no productivos y por ellos sujetos a la irreductibilidad?

La bioquímica desde sus mismos cimientos presenta abrumadores casos de estructuras holísticas (en las cuales el conjunto es más que la suma de las partes) cualquiera que domine el tema no puede negar este hecho. Dos componentes separados aunque juntos no se parecen funcionalmente en absoluto a su funcionalidad cuando están ensamblados. Por ejemplo, un ácido desoxiribonucleico es casi idéntico estructuralmente a un ácido ribonucleico salvo por el pequeño detalle de tener ensamblado a este último un grupo hidroxilo extra (OH). Pero esta minucia cambia radicalmente las propiedades bioquímicas de ambos. El comportamiento químicamente estable del ácido desoxiribonucleico lo hace ideal para almacenar información mientras que el inestable ácido ribonucleico es más versátil para dirigir reacciones químicas y esa es su principal función.

Para evadir la complejidad irreductible tendríamos que pretender que los mecanismos biológicos son solo agregados químicos que funcionan aditivamente como los músicos de la orquesta. Pero ello no es posible porque innumerables mecanismos químicos funcionan productivamente o híbridamente y como consecuencia de ello requieren de catálisis para enlazarse químicamente en sociedades más complejas. En un mundo de agregados químicos aditivos no existirían las enzimas dado que no tendrían nada que hacer, pues ¿Si no hay matrimonios para que queremos casamenteros?

Sabemos, no obstante, que el mundo real no es así. La catálisis enzimática abunda en los procesos biológicos participando en la construcción de numerosos mecanismos biomoleculares. Y estos mecanismos por su naturaleza híbrida, como ya ha quedado establecido, tienen inevitablemente complejidad irreductible.

¿Puede la naturaleza producir mecanismos con complejidad irreductible?

Para el naturalismo evolutivo la respuesta a esta interrogante sería afirmativa ya que tiene la confianza de que la naturaleza dispone de leyes y mecanismos capaces de producirla. La propuesta de Charles Darwin se articuló en base a esta premisa. Pero ¿Esto es verdad?

Para responder a este interrogante es necesario definir con claridad los conceptos implicados. El primer concepto importante que debe ser establecido es definir qué tipo de complejidad está implícita en la complejidad irreductible. Si alguna virtud tiene la forma como he conceptualizado la complejidad irreductible popularizada por Behe llamándola "Complejidad Mínima Funcional" en mi borrador de 1996, es que este segundo término incluye una pista importante para establecer el tipo de complejidad implícita al señalar que esta es "funcional".

Hay una connotación muy fundamental que la distingue de una complejidad natural, o más bien, desarrollada por la naturaleza. De hecho la misma puede producir complejidad, pero no es de la misma naturaleza que la complejidad funcional.

Veamos un ejemplo:

Tenemos un mapa topográfico de un territorio irregular con montañas, valles, lagos y costa. Si deseo predecir por donde se pueden producir cursos fluviales por efecto del desbordamiento de lagos o la excesiva pluviosidad, el mapa nos servirá para predecir matemáticamente, en función de la localización de las fuentes fluviales y la orografía del terreno, por qué trayectorias el agua se desbordará y difundirá hasta la costa. Incluso puedo calcular en qué puntos de dicha costa llegaran al mar dichos cursos de agua. Sin embargo, ¿Me servirán el mapa y mis conocimientos y métodos matemáticos para evaluar el curso y trayectoria de un sistema de canales artificiales? Definitivamente no.

Los canales artificiales forman parte de una estructura con complejidad funcional, es decir, que cumple una función, y no de un sistema complejo natural. Sus trayectorias obedecen a criterios de optimización de coste, longitud, u otros criterios y están en función de ciertos objetivos. **Por lo tanto, los métodos y las matemáticas necesarias para abordarlo son del todo diferentes.** No obedecen a la lógica del terreno, sino que superarán los desniveles con acueductos y los obstáculos orográficos con túneles si es preciso.

En la naturaleza se presentan muchos casos de aparición de orden y organización. Los cristales de hielo de los copos de nieve se organizan en sorprendentes formas irrepetibles unas de otras producto de atractores que los llevan, durante el proceso de congelación, a reproducir una disposición aleatoria en una simetría caleidoscópica hexagonal dado que la estructura cristalina que forma el agua al congelarse es precisamente hexagonal. En la física de plasmas, la física del láser y en la química existen otros ejemplos tales como los relojes químicos y reacciones "mágicas" como la famosa reacción Belousov-Zhabotinsky (BZ) en la que aparecen figuras espirales y colores definidos. Sin embargo, estos ejemplos de complejidad no tienen naturaleza funcional, es decir, no cumplen una función útil a otro agente. Para entender mejor esto resulta necesario considerar qué es una estructura y en concreto qué es una estructura funcional

En la naturaleza existe un extraordinario número de sistemas. Estos sistemas están compuestos de diversos elementos que interactúan entre sí con total libertad, aunque, en algunos casos pueden ser canalizados a organizarse de acuerdo a la presencia de ciertos atractores y, cuando adquieren una determinada organización, conforman entonces una estructura.

Un sistema libre puede ser, por ejemplo, un conjunto de piedras desparramadas por el suelo, aquí no importa su número ni su disposición, ni el tamaño de las mismas. Pero desde el momento que surge alguna restricción que afecte el número, la configuración, o las magnitudes de los elementos se tratará de una estructura. **Se puede decir incluso, que dichas restricciones** *estructuran* **el sistema.**

Supongamos que tenemos una botella cerrada en la cual hay una mezcla de agua y aceite bastante revuelta, de tal modo que podamos considerar las gotas de agua y las de aceite, dispuestas de manera aleatoria. No importará que proporción de aceite con respecto al agua exista, como tampoco sus cantidades relativas, pues su volumen es irrelevante. Podría en principio considerarse que al estar ésta mezcla en una botella cerrada, se trata de un sistema aislado. Pero lamentablemente, las paredes de la botella no impiden ser atravesadas por el campo gravitatorio, por lo tanto, es un sistema cerrado porque si bien no hay intercambio de materia si lo hay de energía. Con el correr del tiempo el caos reinante de gotas de aceite y de agua revueltas progresará hacia un orden estructural. Las gotas de agua más pesadas por su mayor densidad bajarán, mientras que las de aceite menos densas y pesadas subirán. Al final, perpendicularmente al campo gravitatorio, estarán dispuestas 2 capas de dos líquidos distintos, la más cercana al campo será de agua y la más lejana de aceite. ¿Quien impuso el orden a este sistema en principio libre?; ¿Fue acaso una auto organización espontánea de las gotas de aceite y agua?; No, fue la gravedad que, como atractor externo, impuso la norma colocando los líquidos separadamente de acuerdo con su densidad. El tipo de orden impuesto es estable, lo que significa que cualquier agitación que rompa dicho orden, tenderá una vez libre de la perturbación, hacia un orden impuesto por la gravedad.

Otro ejemplo bastante claro lo constituye el sistema solar, este podría tener más o menos planetas, planetas más grandes que Júpiter o todos inferiores al tamaño de Mercurio. No obstante, seguirá siendo un sistema solar, aunque distinto al que conocemos, con otras masas planetarias, otras órbitas, etc. Regidas, eso sí, por leyes gravitatorias que prohibirán cualquier libertad absoluta. No podríamos hallar, por ejemplo, a Júpiter a la misma distancia que Venus con la misma descripción orbital, como tampoco el año terrestre duraría lo mismo si la masa del Sol fuera la mitad. Aquí también hay un orden estable, ya que, como se ha visto, los elementos de este sistema tienen una libertad autorestringida, de tal manera que un elemento condiciona el estado de otro, en este caso por ejemplo, la presencia de Neptuno afecta el comportamiento orbital de Urano y a su vez Plutón ínfimamente el de Neptuno.

En una definición termodinámica de orden, los desequilibrios termodinámicos y, por tanto, las concentraciones espaciales de energía, definen el orden particular de un sistema y que, como la segunda ley, ordena que dichos desequilibrios se disipen, el orden se transformará en desorden, y como consecuencia existirá ausencia de concentraciones. En este nuevo estado los elementos de un sistema aislado se encuentran en disposición homogénea, no hay zonas especializadas en un tipo particular de elementos, sino que están mezclados sin concierto alguno. Representa el grado máximo de aleatoriedad, el reino del caos.

Pero el orden en un sistema no consiste sólo de concentraciones diferentes de energía en el espacio, hay otros tipos de concentraciones que no son de tipo energético. Por ejemplo, en una piedra se pueden encontrar trazas de distintos minerales no disueltos sino más bien concentrados en distintos lugares. En un libro la tinta no está concentrada uniformemente por todo el papel, por el contrario está concentrada en determinados puntos con formas que definen caracteres. Un vaso de vidrio presenta una forma especial en la cual el vidrio está concentrado en una lámina que forma una cavidad. En todos estos ejemplos no hay diferencias de temperatura, en cambio hay diferencias en cuanto a la concentración de sustancias, y no solo eso, pues dichas concentraciones tienen forma.

Ahora el orden consiste en la forma que presentan las distintas concentraciones de sustancias en el sistema. No obstante, no hay que olvidar que dichas concentraciones están allí gracias a un proceso en el que, dirigido por algún atractor, se invirtió energía. Por tanto, dichas concentraciones son el rastro dejado por la energía invertida durante su formación. Del mismo modo, y en consecuencia, se invertirá energía en el proceso de deformación.

En conclusión, una estructura es consecuencia de las restricciones propias de las interrelaciones de sus elementos componentes. El orden estructural puede ser impuesto desde fuera, como es el caso de la botella de agua y aceite, o desde dentro, como el sistema solar. De una u otra manera, el motor de la aparición de orden y, por consecuencia, de estructuración, procederá de escenarios en los cuales están presentes desequilibrios termodinámicos.

Visto esto, podemos reconocer que una estructura es un caso particular de sistema, y que por ello, su análisis partirá del estudio de los elementos de éste último.

Los sistemas pueden distinguirse en tres tipos diferenciados por la naturaleza de la interrelación de sus elementos. Para ilustrarlo consideremos los siguientes conjuntos de números:

Conjunto	A(5,4,7,8,2,6)	B(2,5,8,11,14,17)	C(6,4,5,8,2,3)
Tipo	Sistema libre	Sistema autorestringido	Sistema restringido
Norma (estructuración)	No existe	n(i)=n(i-1)+3	Es funcional (NºTelf.)
Grado de libertad	Libertad Absoluta	Libertad autorestringida	No hay libertad
¿Es estructura?	No	Si	Si

En el primer caso tenemos un conjunto aleatorio de números, pueden tener cualquier valor en cada posición, ninguno influye sobre el valor de los demás ni es influido a su vez por el valor de otros. El conjunto puede también tener cualquier número de elementos distribuidos en indistintas maneras pues los elementos no se influyen mutuamente para adoptar ninguna configuración resultante. Existe por tanto plena libertad en los tres aspectos y como no existe ninguna regla restrictiva lo llamaremos SISTEMA LIBRE y **dado que no existe norma que lo estructure no es una estructura**.

En el segundo caso, se trata de un conjunto de 6 números, pero pueden ser 3 o 1000, no hay restricción en cuanto al número de elementos. No obstante observamos que las magnitudes de dichos números no tienen una libertad absoluta que permita cualquier valor entre los mismos, pues según la norma de esta serie, un número dado tendrá un valor que dependerá del valor del número precedente, y a su vez, el mismo afectara el valor del número posterior. Según la regla, dicho valor será igual al último más 3. A este efecto entre los elementos de un sistema se denomina autorestricción. Por lo tanto, llamaremos a este tipo SISTEMA AUTORESTRINGIDO **y como está estructurado por una norma matemática que hace el papel de atractor será entonces una estructura**.

En el tercer caso, no puede haber cualquier número de elementos, ni cualquier disposición, ni cualquier magnitud en cada número. No existe libertad en ninguno de los tres aspectos en modo estricto (número de elementos, magnitudes y orden), aunque en el ejemplo, ya no existe absolutamente ninguna libertad ya que cualquier cambio en número, distribución y valores significaría un número telefónico diferente. En general hay muchos casos en los cuales este tipo de sistemas presentan algún rango de libertad, aunque mínimo, en cuanto a los tres aspectos. Un sistema de este tipo se puede llamar, por tanto, SISTEMA RESTRINGIDO **y es, en este caso, una estructura funcional ya que posee una norma también funcional de estructuración que ha sido especificada para cumplir una función, es decir, un propósito usufructuable por uno o más agentes**.

Cuando vimos los tres tipos de sistemas pudimos notar que de ellos los dos últimos, a diferencia del primero, son casos de estructuras. Ahora bien, ¿Cómo distinguimos con mayor precisión entre ellos cual es una estructura funcional?

Sabemos que ambos casos están estructurados, pero no del mismo modo. En el caso de los sistemas auto-restringidos la estructuración procede de una norma matemática que no es otra cosa que un atractor o grupo de atractores. Este es pues el tipo de sistema sobre el cual actúan principalmente los casos de auto-organización de la materia en condiciones alejadas del equilibrio termodinámico.

Los sistemas restringidos, en cambio, se estructuran por normas *arbitrarias* **que no obedecen al efecto de ningún proceso físico o químico natural ni a sus condiciones iniciales.** Nosotros y muchos animales somos capaces de crear estructuras funcionales para múltiples y arbitrarios propósitos. Dicha arbitrariedad, no reproducible por ningún proceso natural, es precisamente la que caracterizará a las estructuras funcionales. Como dicha arbitrariedad estará relacionada a un objetivo propuesto por un usuario, entonces, podemos definir que, si una estructura cumple un objetivo para un usuario en particular, está última será una estructura funcional.

Se han realizado muchos trabajos científicos sobre casos de auto organización en sistemas naturales que son sumamente interesantes y útiles para el avance de la ciencia. En los mismos no existe arbitrariedad, sino el concurso de atractores que dirigen un sistema alejado del equilibrio termodinámico para llevarlos a estadios de organización y orden. Contienen puntos de crisis, cambios de fase y efectos sinergéticos que en conjunto condicionan el orden resultante. Sin embargo, hasta ahora todos estos casos naufragan irremisiblemente en presentar símiles verosímiles de sistemas tan complejos como un sistema vivo. ¿Por qué?

Ilya Prigogine, ganador del Premio Nobel por sus trabajos de la termodinámica del no equilibrio y un autentica autoridad en la investigación de los sistemas autoorganizativos, evaluó esta situación en una conferencia pronunciada en el fórum filosófico de la UNESCO en 1995 al decir:

> *"Pero todavía queda mucho por hacer, tanto en matemáticas no lineales como en investigación experimental, antes de que podamos describir la evolución de sistemas complejos fuera de **ciertas situaciones sencillas**. Los retos aquí son considerables. En particular, **es necesario superar el actual desfase en nuestra comprensión entre las estructuras físico-químicas complejas y los organismos vivos por simples que estos sean**" (Énfasis en negrita añadido).*

Ilya Prigogine, ¿Qué es lo que no sabemos?

Si para Prigogine, ya fallecido, el reto de superar este desfase es considerable, pero aún albergaba una esperanza de superarlo, para los biólogos teóricos David L Abel y Jack T Trevors en su artículo "Tres subconjuntos de secuencias complejas y su relevancia para la información biopolimérica" la imposibilidad está zanjada. En su profundo análisis del tema llegan a la siguiente conclusión sobre las posibilidades de que la algorítmica biológica sea fruto de procesos dinámicos de autoorganización natural:

> *"Los fenómenos de autoorganización se observan diariamente de acuerdo con la teoría del caos. Pero en ningún caso conocido pueden autoorganizarse fenómenos como los huracanes, los montones de arena, la cristalización, o ser capaces de producir fractales de organización algorítmica. **Una autoorganización algorítmica nunca ha sido observada a pesar de numerosas publicaciones que han hecho mal uso del término. La organización siempre surge de la elección contingente, no de la necesidad o de la oportunidad de contingencia.***
>
> *La reducción de la incertidumbre (mal llamada "entropía mutua") no puede medir la información prescriptiva*

(información que específicamente informa o da instrucciones). **Cualquier secuencia que específicamente nos informa o establece cómo alcanzar el éxito por sí contiene controles de elección. Las limitaciones de la física dinámica no son la elección de los contingentes. Las secuencias prescriptivas se llaman "instrucciones" y "programas". Ellos no son meramente secuencias complejas, son algoritmos de secuencias complejas. Son cibernética. Las secuencias aleatorias pueden tener máxima complejidad, pero las mismas no hacen nada útil. La instrucción algorítmica es invariablemente la clave para cualquier tipo de organización sofisticada, como se observa en cualquier célula.** *No existe un método para cuantificar la "información prescriptiva" (las instrucciones cibernéticas).*

La presencia de funciones en el ácido nucleico no se pueden explicar mediante tesis del tipo: "orden surgiendo del caos" o "orden al borde del caos". Los cambios físicos de fase no pueden escribir algoritmos. Las matrices biopoliméricas con alta retención de información se encuentran entre las entidades más complejas conocidas por la ciencia. No actúan y no pueden surgir de los fenómenos autoorganizativos de baja información. En lugar de orden desde el caos, el código genético se ha optimizado para ofrecer algoritmos altamente informativos, aperiódicos y con complejidad especificada. *Dicha complejidad especificada generalmente se encuentra más cerca del extremo no compresible y no ordenado del espectro de la complejidad que a su extremo altamente ordenado (Fig. 4). Los patrones suele ser el resultado de la reutilización de los módulos de programación o palabras. Pero esto es sólo secundario a la elección contingente que utiliza una mejor eficiencia. El orden en sí mismo no es la clave para el uso prescriptivo de la información".* (Énfasis en negrita añadido)

David L Abel y Jack T Trevors en su artículo *Tres subconjuntos de secuencias complejas y su relevancia para la información biopolimérica*

¿Cuál es el problema aquí? ¿No será que al pretender conseguir un símil del más simple ser biológico estamos cometiendo un error metodológico al tratar de abordar el análisis de una estructura funcional con los elementos de análisis propios de un sistema natural no funcional? Es decir, ¿No estamos abordando la trayectoria de un canal con los métodos y matemáticas que necesitaríamos para abordar la trayectoria de un río natural?

Pues siendo así estaríamos condenados al fracaso. En base a esto ni Prigogine, ni otros deberían albergar ninguna esperanza de superar el "actual desfase" entre las estructuras físico-químicas y los organismos vivos por simples que estos sean. Y esto porque la vida pertenecería a la categoría de estructura funcional.

Lo expuesto hasta aquí, así como las observaciones citadas ponen en relieve cual es la factibilidad de que la complejidad irreductible pueda ser producida por la naturaleza, pero aun no hemos hecho un análisis de dicho tipo de complejidad para efecto de deducir a priori por qué la naturaleza no puede producirla.

El puente teleológico

Hemos tratado sobre cómo distinguir una estructura natural de otra funcional en base a las características arbitrarias no generadas por ningún atractor o atractores naturales y que obedecen a una consecución funcional. Un código, por ejemplo, es un caso de estructura funcional con características arbitrarias específicas para un determinado sistema de interpretación también arbitrario. En la naturaleza tenemos muchos casos de sistemas complejos, pero, sin embargo, son casos de complejidad aleatoria no funcional.

El carbono es un elemento extraordinariamente capaz de enlazarse a otros compuestos químicos formando complejas moléculas. Muchos de estas conexiones poliméricas pueden surgir por enlaces espontáneos y otros con la ayuda de catalizadores. Por último, hay otra fuente de polimerización que requiere de sendas maquinarias proteicas para ser producidas. Cuando progresamos a estructuras más complejas podemos hacernos la pregunta ¿Tienen estas estructuras complejidad irreductible?

El concepto de "Complejidad Irreductible" que, antes de conocer el trabajo de Behe, lo conceptualicé con el nombre de "Complejidad Mínima Funcional", tiene la virtud, de señalar que esta complejidad es funcional y por consecuencia tiene un función que cumplir. Esto es muy importante porque nos señala con claridad que una complejidad irreductible solo tiene sentido para estructuras con complejidad funcional, es decir, que sirven para un propósito. Tienen una finalidad.

Cuando Behe popularizó este concepto como argumento para rebatir la capacidad de la naturaleza de producirla, inmediatamente surgieron voces contestarias de que la misma es un argumento falaz y que los ejemplos por él expuestos en su libro "La caja negra de Darwin" no tenían en realidad complejidad irreductible y por consecuencia serían posibles de producir naturalmente por los procesos gradualistas de la Teoría Sintética. Se alegaron las siguientes razones:

Los casos propuestos por Behe contienden muchos componentes funcionales que ya existen en otros contextos moleculares.

Existen muchos componentes que desligados del mecanismo molecular no colapsan la función.

Considerando estas circunstancias la pretendida Complejidad Irreductible puede ser de hecho reductible o incluso inexistente y, por lo tanto, susceptible de origen gradualista.

Para explicarlo de forma sencilla analicemos un ejemplo:

Tenemos a un escéptico de la complejidad irreductible sentado en una silla. Él se pregunta si la silla en la que está sentado tiene o no complejidad irreductible, pero como es un buen experimentador empieza extrayendo uno de los apoya brazos de la silla. Descubre que sigue sentado y la función de la silla por ello no ha colapsado. Luego extrae el otro apoya brazos y comprueba lo mismo. Ya más convencido que la complejidad irreductible es una pifia extrae el respaldar de la silla y, aunque está un poco más incomodo, aún la función de la silla no ha colapsado. Por último como experimentación final decide extraer una de las patas de la silla y ¡Crash! Ya tendido en el suelo admite finalmente que la silla si tiene complejidad irreductible.

Con este ejemplo quiero hacer notar que la complejidad irreductible que yo llamo complejidad mínima funcional es precisamente un punto matemático que marca la frontera entre la función y la no función. No significa que los ejemplos aludidos estén trabajando en dicha frontera. Por lo general la gran mayoría de estructuras funcionales funcionan por encima de este punto incorporando complejidad accesoria.

En casa hay muchos ejemplos de estructuras funcionales con complejidad irreductible. Por ejemplo, puede abrir una radio (preferible de baterías, no con conexión a la red eléctrica para evitar el riesgo de shock eléctrico) y extraer aleatoriamente componentes electrónicos de la misma mientras esta encendido para así evaluar cuando colapsa la función. Luego puede elaborar una estadística de qué porcentaje de componentes compone la complejidad mínima funcional y qué porcentaje compone la complejidad accesoria. Por otra parte muchos de los componentes de la radio, sino absolutamente todos, pueden estar presentes en otros artefactos electrónicos.

Ahora bien, el que una radio tenga componentes que no colapsan su función y que los mismos pueden pertenecer a otros contextos estructurales ¿Significa que estas estructuras no tienen complejidad irreductible como aluden con insistencia los críticos del DI? La respuesta es ABSOLUTAMENTE NO.

Entonces si admitimos que la complejidad irreductible existe y las observaciones expuestas no la inhiben, ¿Que podemos decir con respecto a la complejidad irreductible presente en los mecanismos biológicos? ¿En ellos si es un ilusión?

No nos molesta la idea de encontrar complejidad irreductible en los mecanismos artificiales creados por el hombre porque sabemos que la inteligencia humana salva con su ingenio el puente teleológico existente entre la no función y la función.

Pero, ¿Cómo se salva el puente teleológico entre la no función y la función para los mecanismos biológicos con reconocida complejidad irreductible, si se alude que la misma está libre de toda teleología?

He aquí el corazón del problema y el núcleo de la controversia entre el intervencionismo y el naturalismo.

A los biólogos naturalistas les molesta la complejidad irreductible por sus implicancias como puente teleológico. Se sabe que estos puentes son construidos con el concurso de la inteligencia por lo que, alegar que existen en el mundo biológico, sería admitir el asomo de un origen inteligente en el proceso y ello para el naturalismo es inaceptable.

Pero hasta ahora no hemos respondido a la pregunta crucial ¿Podría la naturaleza de algún modo por casualidad o el influjo de la selección natural construir un puente teleológico entre la no función y la función generando complejidad irreductible?

La dificultad que presenta la complejidad irreductible para construir un puente teleológico con los mecanismos de la Teoría Sintética o de la Teoría de la Evolución Modular consiste en que comporta un número determinado de pasos subfuncionales que la selección natural no puede fijar ya que no representan ventaja alguna para la sobrevivencia.

Para poder concebir en su real dimensión la dificultad de una construcción natural de una complejidad irreductible resulta necesario recurrir a las matemáticas. Las necesarias para tratar este tema son muy sencillas así que no deben intimidar en lo absoluto.

Una estructura cualquiera es un caso de sistema. En concreto existen los sistemas libres, los autorestringidos y los restringidos. Los dos últimos casos suponen estructuración y el último supone una estructura funcional con complejidad irreductible. ¿Por qué decimos esto? Veamos.

Aunque ya lo vimos en el primer apartado de este capítulo, repasemos con mayor profundidad las 3 maneras como un conjunto de componentes pueden asociarse para formar o no una estructura:

1. Mediante una asociación aditiva. En este caso las funciones de cada componente concurren como, por ejemplo, en un concierto de músicos. Aunque no es lo deseable por el director de orquesta, este sistema puede subsistir incluso con un músico actuando de solista. No tiene complejidad irreductible en cuanto a que sus componentes no están "conectados" funcionalmente. En este sentido, al no tener restricciones que lo estructuren, como conjunto, no es una estructura funcional, aunque sí lo son cada uno de los componentes, es decir, los músicos y es más bien una concurrencia funcional.

2. Mediante una asociación productiva. En este caso las funciones de cada componente están conectadas en una disposición que puede ser simple o compleja, pero con restricciones que las vinculan con mutua interdependencia. A diferencia de los músicos requieren que la función de los demás componentes esté activa para que el resultado funcional exista. Si falla cualquiera de ellos la función colapsa. Esta asociación permite una estructura funcional y tiene complejidad irreductible.

3. Mediante una asociación híbrida. En este caso las funciones de los componentes se asocian tanto de manera productiva como de manera aditiva en una estructura híbrida. Este es el caso de la mayoría de estructuras existentes ya sean artificiales o naturales y por ello podemos encontrar que no todos sus componentes colapsan la función.

Veamos algunos ejemplos:

Para el caso del concierto de músicos la funcionalidad de esta concurrencia funcional C con las funciones del músico 1 como M1, la del 2 como M2 y así con 30 músicos, seria de acuerdo a la siguiente expresión:

$$C = M1 + M2 + M3 + .. + M30$$

La asociación es aditiva. No hay complejidad irreductible ya que, salvo que colapsen todos, el colapso de uno no colapsa a C.

Para el caso de un sistema de telegrafía TG se necesita un telegrafista T1 que traduzca al código Morse de un mensaje y lo envíe a otro pueblo donde otro telegrafista T2 lo traduzca del Morse a texto y se lo entregue al cartero C1 a fin de que lo despache a la casa del destinatario. A TG entonces le corresponde la siguiente expresión:

$$TG = T1 * T2 * C1$$

Aquí se observa que si cualquiera de las tres funciones asociadas productivamente colapsara, es decir, fuese cero, entonces TG será cero. Hay entonces complejidad irreductible.

Sin embargo, si ahora proponemos un caso híbrido con una redundancia en el sistema de entrega que implique 2 carteros en vez de 1. Tendríamos la siguiente expresión:

$$TG = T1 * T2 * (C1 + C2)$$

Aquí si C1 o C2 colapsan no hay colapso en TG a no ser que los dos se declaren en huelga o no estén disponibles, por lo tanto, en este caso híbrido sigue existiendo la complejidad irreductible.

Para el caso de un receptor de radio de amplitud modulada, por ejemplo, se necesitan 4 módulos o funciones: una función de sintonización "S" para captar por resonancia la señal portadora de la estación elegida, una función de detección "D" para cortar la portadora y dejar solo la parte superior, una función de filtro "F" para unir los picos de la portadora cuyas elongaciones forman la onda de sonido y una función auricular "A" o altavoz para oír el sonido. La expresión sería entonces:

Radio = S * D * F * A

La asociación es productiva y, como efecto, si cualquiera de las funciones colapsa, entonces la función de la radio también colapsará.

En los primeros tiempos de la radio se usaban auriculares y no altavoces dado que en las radios primitivas la potencia de la señal de la portadora era suficiente para escuchar el sonido con un auricular pegado al oído. Pero como ello no es práctico se les incorporó un amplificador que permita un volumen mucho más alto del sonido a través de un altavoz. Pero esta función mejora las prestaciones de la radio, pero su ausencia no colapsa la función de la radio.

En este caso la expresión matemática sería:

Radio = S * D * F * A * (1 + Amplificador)

Si la amplificación es 1 entonces el volumen de salida estará al 200% de su potencia sin amplificador. Si es 39 entonces el volumen de salida estará al 4000% de su potencia sin amplificador.

Este caso corresponde a una estructura híbrida en la cual vemos como un elemento (el amplificador) puede extraerse sin colapsar la función, aunque a efectos prácticos disminuyan sensiblemente su eficiencia de uso. También aquí tenemos, como se observa por la presencia de los factores, complejidad irreductible.

De los ejemplos vistos **la presencia de componentes asociados productivamente conduce a la presencia de complejidad irreductible.** Y la presencia de componentes asociados aditivamente al conjunto le dan una naturaleza híbrida. Estos componentes accesorios que no están involucrados en la complejidad mínima funcional de dichas estructuras podrán inactivarse sin causar el colapso funcional de la estructura que los contiene.

Ahora bien, cada una de las funciones puede descomponerse a su vez en otras subfunciones en sucesivos niveles. Por lo que la aparente simplicidad de la expresión de la radio esconde una complejidad mucho mayor y el cálculo matemático de cada uno de ellos es mucho más complejo de acuerdo a cuantos elementos contiene, que magnitudes puede presentar cada componente con su particular matemática implícita y qué disposición u orden pueden presentar.

El problema de la emergencia natural de complejidad irreductible consiste, como ya se dijo anteriormente, en que para construir un puente teleológico entre la no función y la función de modo natural debemos explicar que surjan no solo los componentes necesarios, sino también la sociedad específica u organización necesaria para la consecución del objetivo funcional, y ello mediante mutaciones y el influjo de la selección natural. Pero con estas herramientas no podemos fijar cada componente cuando estos aun no representan ninguna ventaja al organismo que lo comporta y, por lo tanto, la selección natural no puede fijarlas dada su subfuncionalidad. Este problema ya fue conocido en el pasado y en términos similares como el problema de la preadaptación.

Pero el problema mayor aún no ha sido abordado.

Cómo construir un puente teleológico

Si bien anteriormente se introdujo el término "puente teleológico" cabe ahora abordarlo con mayor profundidad. Se denomina puente porque debe poder cruzar la distancia matemática existente entre la no función y la función. Se denomina teleológico porque implica una finalidad. No existe función sin finalidad y en consecuencia sin teleología. Esto no significa que un objeto o estructura que suple una función haya sido desarrollada para cumplirla. Yo puedo usar una piedra para romper una nuez que no fue "fabricada" para dicho propósito ni hay inteligencia de por medio. Los monos usan pajitas para extraer insectos para comer. Sin embargo, tanto en el caso de los humanos, los monos y otros animales que usan objetos simples monocomponentes para un propósito funcional, hacen uso de dichos objetos de un modo especifico, es decir, no vale cualquier piedra con cualquier forma o cualquier largo de pajita, sino que estos objetos deben ser "elegidos" o incluso transformados inteligentemente para cumplir del mejor modo la función que se les adjudica y por ello terminan siendo teleologícamente ajustados.

Sabemos que la vida está basada en las leyes fisicoquímicas. Pero ¿Puede surgir por el influjo de ellas? ¿Puede las leyes fisicoquímicas organizar asociaciones productivas de componentes químicos con resultados funcionales que sirvan como mecanismos de sistemas vivientes?

Para lograrlo deben cruzar el puente teleológico entre la no función y la función.

Se ha buscado diligentemente mediante diversas investigaciones en sistemas no lineales una auto organización natural que pueda ser símil plausible de la vida. Se ha elaborado también muchas teorías de abiogénesis que pretenden explicar la emergencia de la vida en la Tierra. Sobre las mismas el propio Ilya Prigogine, premio nobel y gran investigador de este campo, admitía en el foro de la UNESCO que aún están lejos de superar el "desfase" entre las estructuras físico-químicas complejas y la vida. Este desfase no es otro que el puente entre la no función biológica y la función biológica. (1)

Existe una infinidad de compuestos químicos, incluidos los aminoácidos que constituyen las proteínas, que pueden formarse por medios naturales. ¿La vida no podría por extrapolación también surgir de una fortuita polimerización especializada? ¿Que tiene la vida que desafía estos intentos de encontrarle una explicación natural?

Pues tiene algo que se llama PLAN escrito en una cadena de azúcar llamada ADN y cuya estructura fue dilucidada en 1953 por Watson y Crick.

Lo primero que inquieto de este descubrimiento y los realizados en años posteriores es que pusieron en relieve que la vida tenía un CÓDIGO biológico muy similar a un código digital con interruptores, detectores de umbral, señal de inicio, parada, datos de secuenciación de aminoácidos, ARNs y reguladores entre otros elementos de cómputo. Era más digerible la idea de que la vida fuese una máquina compleja. Quizá de alguna manera la naturaleza pueda producir máquinas, pero ¿También computadoras con un código en el que está escrito el software necesario para su funcionamiento? Esto ya es ir demasiado lejos y ello porque conlleva la presencia de 2 agentes no producibles por la naturaleza: **Un sistema de codificación** como el código nuclear y mitocondrial, y **un conjunto de algoritmos (software)** para dirigir las funciones metabólicas, la adaptación al entorno y la reproducción, es decir, un autentico PLAN de funcionamiento y desarrollo.

¿Tienen planes las estructuras no funcionales? No, podemos esquematizar como están espacio-temporalmente dispuestas y como trascurren la evolución de sus atractores para estructurarlas, pero no son planes en el sentido que no las han llevado a la existencia como fruto de construirlas en base a ellas. Un plan implica una construcción inteligente. El viento puede producir silbidos musicales de modo natural, pero no están producidos por ninguna partitura que pueda registrar **un plan de producción a fin de poder ser reproducidas**.

Pero ¿Por qué un plan debe implicar inteligencia? Porque para organizar una estructura funcional se necesita incorporar nodos de decisión en la cual sean ELEGIDAS las acciones a tomar de acuerdo al fin funcional. El plan biológico comporta estas características y las mismas no pueden ser producidas por el solo concurso de leyes y atractores fisicoquímicos.

David L. Abel en su artículo "The Capabilities of Chaos and Complexity" publicado en la "International Journal of Molecular Sciences" describe esta última dificultad:

"El metabolismo emplea principalmente proteínas. Las secuencias nucleótidas en el mARN (ARN mensajero) prescriben las secuencias de aminoácidos que determinan la identidad proteica. La cadena de ADN es principalmente inerte. **La fisicoquímica no juega ningún papel directo en la construcción proteica, el transporte y la catálisis.** Las moléculas biológicas tienen una complejidad bidimensional (estructura biopolimérica secundaria) y complejidad tridimensional (estructura biopolimérica terciaria) son ambas finalmente determinadas por una complejidad de secuencia lineal (estructura primaria; secuencia compleja funcional, SCF). Las proteínas chaperonas que contribuyen al plegado proteico también son a su vez prescritas por el programa digital lineal genético especificado en la secuencia de ADN.

La genética no sólo utiliza un sistema de símbolos lineales digital, usa un resumido bloque de Hamming para reducir la contaminación de ruido en el canal de Shannon (tripletes de codones para prescribir cada aminoácido). Los anticodones están en extremos opuestos de las moléculas de t-ARN desde los aminoácidos. **La vinculación de cada t-ARN con el aminoácido correcto depende enteramente de una familia completamente independiente de proteínas aminoacil t-ARN sintetasa. Cada una de estas sintetasas debe ser específicamente prescrita por separado en la programación** *lineal digital,* pero utilizando el mismo MSS. *Estos sistemas de símbolos y de codificación no sólo son anteriores a la existencia humana, ellos producen a los seres humanos con su mente antropocéntrica.* **La sintaxis de los nucleótidos y el codón de ADN de la prescripción digital lineal no tiene una explicación físico-química.** *Todos los nucleótidos se unen con el mismo enlace rígido fosfodiéster 3'5'.* **La tabla de codones es arbitraria y formal, no física.** *La función semántica / semiótica / bioingeniería necesaria para hacer las proteínas requiere una dinámicamente inerte configuración de interruptores de estados y reordenables vehículos de simbología física. La sintaxis de codones comunica independiente del tiempo, no un "significado" fisicodinámico (prescripción de biofuncion).* **Estos significados se realizan sólo después de la traducción abstracta a través de una tabla de codones conceptual. Insistir en que la sintaxis de los codones sólo representa la secuencia de aminoácidos no es, en nuestra mente humana, lógicamente sostenible".** *Énfasis en negrita añadido.*

David L. Abel, *The Capabilities of Chaos and Complexity, International Journal of Molecular Sciences*

Esto último es lo que se pensó luego del descubrimiento de la estructura del ADN. Entonces se creía que lo "natural" seria que dicha secuencia de codones podría sintetizar los aminoácidos uniéndolos por complementaridad, pero ya en 1957 el propio Francis Crick observo en una nota de carácter privado que, *"si se considera la naturaleza físico-química de las cadenas laterales de los aminoácidos, no encontraremos características complementarias en los ácidos nucleicos. ¿Dónde están las superficies hidrofóbicas que distinguen la valina de la leucina y la isoleucina? ¿Dónde están los grupos cargados, en posiciones específicas, que van con aminoácidos de carácter ácido o básico?".* Luego dice: *"no creo que nadie que examine el ADN o el ARN (ácidos ribonucléicos) piense que son moldes de aminoácidos".*

Más adelante el propio Crick dio una serie de predicciones que confirmaron que el proceso que parte desde la prescripción de una proteína codificada en el ADN hasta la misma, requería de varios intermediarios, en concreto de una maquinaria para llevarlo acabo y en efecto así fue descubierto. Si en el inerte ADN se aloja un programa (software) necesitaba una maquinaria (hardware) que fuese capaz de activar vectores de interrupción al igual que en las computadoras humanas. Estas son las zonas de regulación alostérica que, negociando con el medio intracelular y extracelular, pueden activar o inhibir la síntesis de proteínas de acuerdo a un algoritmo de operatividad que controla el metabolismo, la replicación, el control de amenazas y otras actividades fisiológicas.

Si para cruzar el puente teleológico entre la no función y la función en los mecanismos creados por el hombre necesitamos una plan exterior (exoplanificación) para organizar los materiales y la energía con un orden de secuencia en el proceso de construcción incluyendo al mismo constructor como agente ejecutor del plan, en los seres vivientes se precisa de un plan interior (endoplanificación) que organice de forma autónoma los materiales y la energía, pero no sola, siempre con la ayuda del progenitor hasta conseguir una complejidad mínima funcional que faculte al nuevo ser a vivir por cuenta propia.

Sin planificación la vida no podría existir ya que necesita llevar su "plan de contingencias" debidamente almacenado en una plataforma de registro de información. Ahora bien, esto nos lleva para el caso de la biología a un hecho a considerar sumamente importante: **no tenemos que armar el puente teleológico de la estructura con la estructura misma, sino que debemos armarlo con el programa que describe como debe formarse**. Esto es similar a decir que para producir un preparado gastronómico más sofisticado no debemos de trabajar añadiendo nuevos ingredientes con particulares disposiciones a un plato de comida previo, sino que debemos aumentar la información prescriptiva necesaria para desarrollar esta ampliación **en la receta**, y ello en el orden adecuado y con la coherencia funcional con la misma. La Teoría Sintética debe trabajar allí y no como se suele alegar algunos haciendo ingeniosas suposiciones de que una determinada molécula se unió a otra por afinidad electrostática y luego con otra que ya participaba en otro contexto molecular y que así, surgió, oh maravilla, un mecanismo molecular con complejidad irreductible.

Tenemos que pretender que las mutaciones tienen que actuar no en la ESTRUCTURA, sino en el PROGRAMA que dirige su desarrollo para conseguir la aparición de nuevas funciones que requieren varios genes, zonas de regulación y otros elementos en el ADN para surgir.

En este escenario no sirven las afinidades electrostáticas ni las posibles sinergias funcionales por acoplamiento tan recurridas por los teóricos naturalistas ya que el mismo discurre sobre un algoritmo en el cual la información lineal está CODIFICADA. Esto significa que el agente que lo codificó debió de establecer que agentes van a participar en la construcción del mecanismo funcional junto a sus fases, nodos de decisión y la invocación a subfunciones específicas para dichas fases. La naturaleza NO crea ni plataformas de información ni crea programas, la inteligencia SI.

En conclusión, la naturaleza puede crear complejidad con sociedades productivas de componentes, la química da fe elocuente de ello. Sin embargo dichas estructuras no colapsan para un fin funcional ya que no tienen ninguno. No hay, por lo tanto, complejidad mínima funcional (complejidad irreductible) en estos sistemas. Se construyen y se destruyen en procesos naturales no arbitrarios, influyen y son influidos, pero carecen de función específica. Por otra parte una complejidad con sociedad productiva funcional **es una organización arbitraria especificada para el fin funcional establecido** y no es fruto de ninguna organización fruto del azar ni puede ser generada por atractores fisicoquímicos en sistemas no lineales alejados del equilibrio termodinámico.

Sin embargo, como ya es de sobra conocido, el naturalismo no puede aceptar jamás esta última conclusión ya que considera que la vida tiene que tener producción natural y, aún admitiendo que abunda en ejemplos de complejidad irreductible, lo cual es obvio, se ve obligado a creer que esta deben haber sido también creada por la naturaleza.

Aún así como el naturalismo se aferra a la idea que tanto el software como el hardware biológicos pueden surgir por medios naturales, debe proponer escenarios y posibles procesos que deban crear ambas cosas por medios naturales. El fracaso está asegurado. No obstante, se busca con rigor encontrar los primeros pasos que, por alguna extrapolación posible, puedan llevar a cruzar de modo natural un puente teleológico entre la no función y la función biológica que lleve a la vida y la posterior generación de complejidad funcional que presenta.

Capítulo VII

OTRAS HERRAMIENTAS PARA LA INFERENCIA DEL DISEÑO
Cristian Aguirre

Si quisiéramos resumir en una frase la principal premisa del Diseño Inteligente podríamos resumirla en la siguiente afirmación:

La naturaleza, incluso mediante el concurso de condiciones de entorno propicias, la presencia de energía y la acción de las leyes físicas no puede jamás producir diseño alguno. La inteligencia sí.

De acuerdo a esto la tarea principal del discurso del DI es precisamente probar que la afirmación anterior es cierta. Como se observa en la misma no se desprende ninguna prerrogativa religiosa que justifique la acalorada controversia que la acompaña la discusión entre el naturalismo y el DI. Sin embargo, hay que admitir que es inevitable afrontar la siguiente interrogante que se desprende de dicha premisa: ¿De dónde procede dicha inteligencia? ¿Qué o quién es el creador inteligente?

Para el naturalismo materialista, la naturaleza se constituye en una especie de dios creador, sin propósito ni conciencia que lo formule, que es capaz de crear no solo complejidad en virtud del accionar de sus leyes, lo cual es verdad, sino que es capaz también de crear complejidad funcional. Por el contrario, para los intervensionistas teístas, dicha inteligencia solo puede proceder de un Dios creador consciente y con propósito totalmente discernible desde el ámbito filosófico y metafísico, pero cuya identidad sólo puede abordarse desde el ámbito estrictamente religioso.

El Diseño Inteligente no pretende involucrarse en el ámbito religioso aunque haya sido celebrado, en base a sus consecuencias metafísicas, por muchos adherentes a diversas religiones teístas y en particular por la religión cristiana, así como atacado desde las trincheras ateas por sus implicancias teístas. Su propósito no es identificar al agente inteligente, sino demostrar que las estructuras funcionales de nuestro universo son fruto de la inteligencia y no de procesos naturales tal como lo defiende el naturalismo. Pretende poder determinar si cierta estructura es fruto de una formación natural o fruto de un diseño inteligente.

Pero, ¿Puede haber diseño sin inteligencia?

Sería conveniente, por lo tanto, establecer qué es un diseño y qué es la inteligencia.

Definitivamente ambos términos están conceptualmente enlazados. Un diseño implica la especificación arbitraria de una estructura funcional, es decir, que funcione, incluso aunque la función sea solo artística, si logra cumplir el objetivo de su agente creador es funcional. La inteligencia, por otra parte, implica que la especificación arbitraria no se da azarosamente, sino que cada nodo de decisión esta ELEGIDO específicamente para cumplir el objetivo funcional buscado por el agente creador.

De este modo observamos que el diseño lleva implícita la inteligencia. Sin embargo, es relativamente frecuente oír, desde las filas naturalistas expresiones como las del codescubridor de la estructura del ADN Francis Crick, que los biólogos deben siempre recordar que lo que observan en los mecanismos biológicos sólo tienen la "apariencia" de haber sido diseñados. ¿Puede existir entonces diseño aparente? O dicho de otro modo ¿Puede la naturaleza diseñar con el concurso de las leyes físicas?

Desde que Charles Darwin introdujo a la biología dentro del marco conceptual del naturalismo a mediados del siglo XIX, quedaba como misión demostrar que la naturaleza puede organizar por sí misma a la vida sin el concurso de inteligencia alguna. De acuerdo al darwinismo, el entorno puede prescribir la información organizacional a la entidad viviente mediante una especie de resonancia de información que es "grabada" por la selección natural. Las mutaciones, duplicaciones genéticas y otros fenómenos de novedad genética representarían el material grabador de la nueva información prescriptiva organizacional de las entidades biológicas, produciendo así una apariencia de diseño que hoy nos llene de asombro al reparar en sus exquisitas, minuciosas e ingeniosas soluciones a innumerables funciones de los mecanismos vivientes.

El argumento suena bonito hasta que se analiza con mayor rigor. Todos sabemos que los productos de un supermercado tienen un tamaño, forma y diseño de envase que no es casual. Dichas características son prescritas por los publicistas y expertos en marketing a fin de que los clientes que entran en el supermercado se sientan inclinados a comprar los productos. Si el diseño de un producto no resulta muy atractivo no será con frecuencia elegido por los clientes y muy probablemente saldrá del mercado. No sucederá así con un producto que sea atractivo para los clientes ya que este sin duda prevalecerá y no se retirará del mercado.

El ejemplo es un símil de la selección natural y el entorno (los clientes del supermercado) con respecto a las entidades biológicas (los productos). Sabemos que la selección natural, del mismo modo que los clientes del supermercado eligen los más atractivos productos, eligen a los especímenes más aptos los cuales prevalecen, mientras que los menos aptos desaparecen ante cambios desfavorables del entorno.

Resulta claro que la acción de la selección natural y el entorno prescriben cambios en la biota, pero ¿Prescriben acaso cómo deben ser organizados? Replanteando la pregunta para el ejemplo ¿Pueden los clientes del supermercado prescribir la información a los fabricantes de cada producto sobre cómo deben ser fabricados? O también cuando un cliente elige un producto ¿Le dice al fabricante como debe fabricarlo o más bien le dice que lo que fabricó es de su agrado aunque no tiene la más mínima idea de cómo se fabrica tal producto?

Sabemos de sobra que lo segundo es la verdad y lo primero jamás se da. Del mismo modo en la naturaleza pasa lo mismo. Contrariamente a lo que insistentemente predica el naturalismo, la selección natural en acción con el entorno cambiante NO ESPECIFICA INFORMACIÓN ORGANIZACIONAL A UNA ENTIDAD BIOLÓGICA SOLO ELIGE LA MEJOR ADAPTADA AL CAMBIO AMBIENTAL.

En conclusión no podemos decir que la información especificada que prescribe la organización de la vida surja del entorno natural. Ahora bien, sabemos que un sistema sujeto a un conjunto de reglas desarrolla complejidad. El juego vida del matemático John Conway, por ejemplo, es capaz de producir, con ciertas condiciones iniciales y el concurso de unas pocas reglas, una serie de entes complejos que se arrastran, palpitan, explotan e incluso se reproducen. ¿No será esto un indicio de que las leyes de la naturaleza, que son más numerosas que las del juego vida de Conway, puedan realmente producir complejidad funcional del orden de la vida? Este caso, así como el de otros simuladores de vida y generadores de organización, ha alimentado las esperanzas del naturalismo de encontrar una forma de demostrar que la naturaleza tiene un poder de auto-organización que explicaría el surgimiento de la vida y su posterior incremento de complejidad funcional.

Sin embargo, resulta bochornoso el hecho de que lo que en realidad demuestran estos simuladores es que el universo, del cual precisan simular en estos juegos, ha sido diseñado del mismo modo que los "universos virtuales" desarrollados por Conway y por otros programadores. Dando así, sin duda con un asco infinito para los mismos, un espaldarazo espectacular al Diseño Inteligente.

Mucho antes, a inicios del siglo XX el genetista y premio Nobel H.J. Muller propuso una tesis sobre como la complejidad funcional biológica podría haber surgido desde la materia y evolucionado hasta sus niveles actuales. Su propuesta denominada por Douglas Theobald como: "Complejidad de enclavamiento de Muller" resulta de dos sencillos pasos: 1) añadir una parte y 2) hacerla necesaria.

Tenemos al principio un grupo de componentes tales como 3 rocas en fila, luego se añade una losa en su parte superior (o más bien cae desde un cerro adyacente encima de las tres rocas ya que se supone que nadie lo debe colocar allí) y extrayendo la roca de en medio (no importa cómo) nos queda un puente con complejidad irreductible ya que si le quitamos una roca de apoyo ya no se puede usar el puente.

Analicemos ahora este argumento en 2 etapas:

1. Anterior al origen de la vida.

2. Posterior al origen de la vida.

La primera etapa de la propuesta de Muller "añadir una parte" puede producirse a nivel químico de muchas maneras. Sin embargo, cuando se apela a este razonamiento para un escenario anterior a la existencia de la vida nos encontramos con un problema muy serio.

Cuando en la segunda etapa del razonamiento de Muller se nos dice que la adición del nuevo componente "se hace necesaria" debemos ineludiblemente reconocer que ello implica la existencia un propósito que debe ser atendido, y un propósito es una finalidad que añade teleología a esta ecuación. No existe necesidad sin un agente que se beneficie de su atención. Para el caso del origen de la vida desde la materia inanimada y de acuerdo al compromiso materialista no existe tal agente ¿Cómo entonces puede existir algo que necesite?

Una silla y una computadora son mecanismos que pueden ser mejorados con adiciones de componentes, pero el agente beneficiario no está presente en los mismos, sino en sus usuarios, los seres humanos, que son agentes externos a dichos objetos, y esto no es posible de aplicar a un escenario en el cual no puede existir ningún agente externo.

Ahora bien, para que este razonamiento pueda funcionar se debe considerar que el mismo mecanismo es el agente beneficiario de una adición exitosa a su propia estructura. Aquí surge entonces la oportuna pregunta. ¿Qué necesita un objeto para constituirse en un agente beneficiario?

Para serlo necesita tener necesidades o al menos una necesidad. Un mecanismo que necesita debe cumplir siquiera un propósito, si no para un agente externo sí para sí mismo. ¿Cómo entonces puede ser implantado un propósito en un mecanismo natural que tan solo obedece a atractores fisicodinámicos en condiciones alejadas del equilibrio termodinámico?

Si decimos que el más elemental ser viviente tiene por propósito sobrevivir y reproducirse, qué podemos decir para el caso de cualquier sistema fisicoquímico natural ¿Tiene la necesidad un sistema no viviente de sobrevivir? No, no la tiene. En este sentido el problema del origen de la vida sería también, aunque no se suele plantearlo de este modo, en el problema del origen del propósito.

Nos encontramos entonces con una situación insalvable para el razonamiento de Muller dado que para que un sistema necesite tiene que contar con un propósito y los fenómenos y las leyes naturales pueden construir complejidad, pero son impotentes para generar propósito, no determinan necesidades para agentes no funcionales. Sin embargo, los agentes funcionales si demandan necesidades para que su funcionamiento pueda subsistir. Entonces, si el propósito implícito en su funcionamiento demanda necesidades que deben ser satisfechas esto implica que para que la propuesta de Muller pueda funcionar para una situación prebiótica (no viviente) debe partir de un funcionamiento, pero esto no es posible porque se supone que este mecanismo debe explicar la ruta que conduce a dicho funcionamiento lo cual nos lleva al absurdo de una causalidad circular como, por ejemplo sería si dijera que puedo elevarme jalándome de los pelos hacia arriba.

En conclusión este razonamiento no solo fracasa para el origen de la vida, sino que a su vez pone en relieve un elemento fundamental en dicha discusión que zanja definitivamente la imposibilidad del origen de la vida desde mecanismos naturales: **la emergencia del propósito.**

Anteriormente vimos que para un escenario no biológico la propuesta de Muller no tiene éxito en cuanto a que se requiere la existencia previa de entidades con necesidades, ya que sin ellas el paso 2 es imposible. Para que una entidad requiera satisfacer una necesidad para sí misma, debe primero cumplir un funcionamiento. Pero no podemos partir de un funcionamiento como requisito para adquirir complejidad funcional porque con dicha propuesta se pretende explicar su emergencia. La causalidad circular que ello conlleva invalida el argumento para un escenario anterior a la emergencia de la vida.

Ahora analizaremos su factibilidad cuando ya existe la vida. En este escenario la propuesta de Muller puede funcionar porque ya contamos con entidades beneficiables con necesidades. El procariota más elemental es capaz de metabolizar (recoger y transformar materia y energía para satisfacer la necesidad de subsistencia de sí mismo) y reproducirse (satisfacer la necesidad de propagación y subsistencia de su especie).

La pregunta que corresponde hacer ahora es si esta propuesta puede explicar un proceso de incremento de complejidad funcional en un ente viviente. Y si dicho mecanismo puede explicar de algún modo toda la evolución vertical (cambio con incremento de complejidad funcional) en la historia de la vida tal como lo aluden Theobald y el propio Muller.

Para responder a este interrogante analizaremos con detalle en qué consiste, la "tontería" en palabras de Theobald, de la complejidad irreductible y donde la propuesta de Muller puede funcionar y donde no y porqué.

Imaginemos a la evolución vertical (aquella que implica aumento de complejidad funcional) como una entidad que busca ascender por una rampa. Aunque la rampa sea irregular y mientras no sea demasiado empinada dicha entidad puede ascender sin problemas. Si ahora cambiamos la rampa por una escalera de escalones lo suficientemente pequeños para ser abordado por el mismo aún se conseguirá ascender por la escalera. Pero si los escalones dejan de ser pequeños para convertirse en verdaderos acantilados, para dicha entidad ya no será posible ascender por la escalera dado que sus escalones son demasiado altos para poder escalarlos. La complejidad irreductible produce este último efecto y es por ello que es atacada por la visión del materialismo evolutivo. Para que su propuesta pueda ser verosímil debe entonces atacar las alturas de esta escalera evolutiva haciéndolas tan pequeñas como sea posible para que nuestra evolución vertical puede ascender en complejidad sin invocar desafíos imposibles.

El naturalismo evolutivo reconoce que esta escalera existe, pero se resiste a admitir la altura de muchos de sus escalones y además conjetura cómo pueden estos acantilados convertirse en escalones más pequeños de tal manera que el ascenso no sea imposible. Para evaluar entonces cómo esta complejidad mínima funcional dificulta el ascenso evolutivo debemos explicar de la mejor manera posible primero que es la complejidad y luego a la propia CMF con el uso de unos ejemplos gráficos sencillos.

Complejidad

Una sencilla forma de abordar una definición cuantitativa de la complejidad, aunque puedan haber otros métodos matemáticos para tal fin, sería la que cuantifica la complejidad como **el número de casos posibles** que una estructura permite para un particular número, rangos de magnitudes y orden espacio temporal de sus componentes y para un nivel de abstracción particular.

Para explicar lo que significa un nivel de abstracción consideremos un carácter en una pantalla. Ésta es un conjunto específico de pixeles en la misma cuya forma determina un carácter alfanumérico. Por lo tanto para calcular la complejidad de una imagen en la pantalla podemos trabajar con dos niveles de abstracción:

1. A nivel de caracteres donde la complejidad se definiría como el número de combinaciones posibles de los caracteres posibles en una matriz de, por ejemplo, el antiguo modo texto monocromo de 80x25 caracteres por pantalla.

2. A nivel de pixeles donde la complejidad se definiría por el número de combinaciones posibles de los 2 posibles casos (encendido o apagado) por el número de pixeles de la matriz de la resolución particular de este mismo modo gráfico.

Se puede observar que un cálculo de complejidad aplicado en distintos niveles de abstracción implica distintos resultados de complejidad viéndose que la complejidad calculada al nivel de caracteres es mucho menor que la calculada al nivel de pixeles.

Por lo tanto, la forma de calcular la complejidad es pues específica a un nivel particular de abstracción siendo cuantitativamente diferente para niveles de abstracción también diferentes.

Para encontrar un modo de cuantificar la complejidad consideremos como ejemplo un número de lotería. En este caso tenemos una estructura en el nivel de abstracción de caracteres con la siguiente colección de restricciones:

1º. Tiene que ser una colección de 5 caracteres (restricción numérica). $N = 5$

2º. Tienen que ser caracteres numéricos (restricción de magnitud).

carácter × {0,1,2,3,4,5,6,7,8,9}, por lo tanto $R = 10$

3º. Tienen un orden unidimensional único (restricción de orden).

$O = 1$

Como los caracteres son homogéneos al tener el mismo rango el número de casos posibles será entonces: $C = 10^5 \times 1 = 100.000$ casos

El resultado no sorprende puesto que es fácil deducir que entre 0 y 99999 hay 100000 números distintos. La probabilidad de que salga el número de lotería para un caso particular será por tanto: $P = 1/C = 10^{-5} = 0.00001$

El cálculo de complejidad ya no resulta ser tan sencillo si la colección de elementos es heterogénea, es decir, tienen rangos de magnitud diferentes. En dicho caso podemos entonces aplicar la siguiente generalización:

$$C = O \times (R_1 \times R_2 .. \times R_N)$$

Siendo C la complejidad, O el orden de los componentes, N el número de componentes y R_i los rangos de magnitud de cada componente.

Evidentemente esta definición funciona para cuantificar la complejidad en casos donde los elementos son discretos y acotados por rangos limitados y específicos. Para otros casos donde esto no se cumple la cuantificación de la complejidad por este método sería muy difícil, sino imposible de medir. No obstante es una aproximación útil como veremos.

Evidentemente la complejidad de un sistema se verá afectada por el cambio de cada una de estas 3 restricciones. Como tenemos 3 tipos pueden existir 8 posibles modos de cambio, no obstante, solo mencionaremos el efecto de cada uno independientemente, siendo las demás otras combinaciones posibles:

1. CAMBIO EN NÚMERO. Si el número de lotería tuviera por ejemplo 6 dígitos, el número de casos posibles sería $10^6 = 1.000.000$, es decir, 10 veces más casos posibles que el anterior número de lotería de 5 dígitos, por lo cual es más complejo.

2. CAMBIO DE RANGO. Supongamos que los organizadores del juego de lotería se les ocurre sortear un número hexadecimal en lugar de uno decimal, entonces el rango será: {0,1,.....E,F}, lo que significa que hay 16 caracteres por cada dígito (R=16). Conservando 5 caracteres para los números (N=5), tenemos que el número de casos posibles es ahora $C = R^N = 16^5 = 1.048.576$. Esto también supone que la complejidad obviamente se incrementa.

3. CAMBIO DE ORDEN. En este caso a los organizadores del juego de lotería se les ocurre añadir una disposición bidimensional a cada

número posible, de tal modo que, si coincide la forma y el número adecuado se gana la lotería. Supongamos que el número premiado es el siguiente:

$$7$$
$$3\ 0\ 8$$
$$4$$

Dispuesto de dicha manera, si el 7 estuviese encima del 8, por ejemplo, no será el número premiado. Veamos las distintas formas posibles que puede adaptar este número:

Tenemos entonces, en este caso, 39 formas bidimensionales distintas para 100.000 números cada una. En este caso O = 39 y de la expresión anterior para calcular la complejidad tenemos:

$$C = R^N \cdot O = 10^5 \cdot 39 = 3.900.000$$

Ahora es más difícil acertar, puesto que este sistema es más complejo que el juego de lotería inicial. Ahora incorpora un orden bidimensional y por ello existen más posibilidades distintas. Podemos incluso ganar en complejidad si adoptamos una tercera dimensión o incluso una dimensión temporal. La siguiente figura muestra los distintos modos que pueden adoptar cuatro cubos sin considerar sus rotaciones e imágenes especulares.

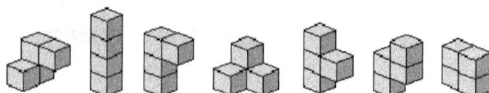

Ahora veamos cual es la complejidad de un aminoácido antes de ver la relativa a una proteína. Sabemos que un aminoácido se sintetiza mediante el concurso de 3 bases de ácido nucléico. Cada base puede tener 4 elementos que pueden ser Adenina, Timina, Guanina y Citosina en un orden lineal simple. Según esto la complejidad de un aminoácido será la siguiente:

Orden = 1; Magnitudes = 4; Número de componentes = 3

Entonces C = 1 x (4x4x4) = 4^3 = 64

De todos modos, como vemos, es una complejidad bastante modesta la de este monómero. Ahora vayamos a ver la complejidad de una proteína, el elemento más básico de los organismos biológicos. Según sabemos esta es una cadena de aproximadamente 100 o más eslabones que se pliega sobre sí misma en la forma de un ovillo de acuerdo a las atracciones electrostáticas y enlaces débiles generados por los 20 aminoácidos distintos con los cuales puede estar constituido un eslabón. Su complejidad, suponiendo que tenga solo 100 eslabones, sería la siguiente:

$$C = 1 \times (20x20x20x\ldots\ldots\ldots x20) \text{ 100 veces,}$$

Es decir: $C = 20^{100}$ lo cual es aproximadamente 10^{130}

Como se observa la complejidad de una proteína es una cifra portentosa, si se estima que el universo contiene 10^{80} protones, necesitaremos 10^{50} universos para equiparar todos sus protones con todas las proteínas posibles. Pero no todas las proteínas posibles son funcionales para los sistemas biológicos.

Dicha restricción se denomina **Restricción Funcional**. La misma establece que toda estructura funcional, es decir, que tiene un objetivo y funciona para conseguirlo, es un subconjunto, más bien pequeño o incluso único, de todos los casos posibles permitidos por su complejidad. El número premiado de un juego de lotería sería un ejemplo de estructura funcional con restricción igual a 1 ya que dicho número es el único que **funciona** para cobrar el premio mayor.

En este punto la improbabilidad y especificación de William Dembsky hallarían paralelo en estos conceptos del siguiente modo:

Improbabilidad = Especificación (Restricción funcional) / Complejidad del sistema

Considerando la "improbabilidad" como la escasa probabilidad de hallar una estructura funcional para una restricción funcional (Rf) de un sistema de complejidad C tenemos entonces que:

$$P = R_f / C$$

Ahora bien de acuerdo a la Teoría de la Información la misma es cuantificable como inversamente proporcional a la certidumbre de su predicción. Es decir, si sabemos el resultado de una observación no hay incremento de información, más si lo desconocemos, el símbolo o estructura funcional observado sí aportará información. Esto significa que la información de un símbolo o estructura funcional será inversamente proporcional a la probabilidad de su aparición o formación.

Es decir, si queremos expresar la cantidad de información en bits, la información se expresará como una potencia de 2 de tal modo que:

$$2^I = 1 / P$$

Aplicando logaritmo con base 2 a ambos términos resulta:

$$I = Log_2 (1 / P)$$

Finalmente:

$$I = Log_2 (C / Rf)$$

Como conclusión la cantidad de información de una estructura funcional será igual al logaritmo en base 2 del cociente entre la complejidad de dicha estructura y su respectiva restricción funcional.

Ahora veamos otros conceptos que nos serán de utilidad no solo para evaluar todo proceso de incremento de complejidad.

Complejidad Mínima Funcional (CMF)

Para todo objetivo se pueden plantear muchas soluciones, algunas serán más ineficientes que otras al requerir mayor complejidad para un mismo objetivo. No obstante, siempre puede existir una solución, entre todas las posibles, con una complejidad mínima necesaria para cumplir con el objetivo. Esta complejidad es la mínima funcional, en cuanto a que es la que implica los mínimos recursos necesarios para permitir el funcionamiento y no existirá ninguna otra solución menos compleja ni mágica que consiga el objetivo.

Consideremos una esfera. Si nuestro propósito consiste en cercarla de tal manera que quede aislada usando tablas, se pueden disponer muchas soluciones:

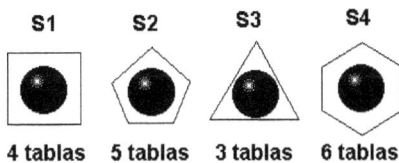

S1	S2	S3	S4
4 tablas	5 tablas	3 tablas	6 tablas

Como se observa, (visto desde arriba) pese a que son posibles varias soluciones, bidimensionalmente como mínimo necesitamos 3 tablas como se observa en la solución 3. No existe una solución en la cual se use sólo 2 tablas rectas y pueda cercarse la esfera dentro de la geometría euclidiana. Incluso topológicamente se sabe que un grafo regular debe tener como mínimo 3 aristas. Las soluciones aplicadas aquí se refieren a un cerco bidimensional y hemos visto que como mínimo se precisa de tres tablas rectas, veamos ahora el caso cuando se precisa cercar la esfera tridimensionalmente, siendo la complejidad una función del número de caras:

En este caso se presentan 2 soluciones, la primera consiste en un cubo de 6 caras, y la segunda en un tetraedro de 4 caras. También, claro está, hay más poliedros posibles con mayor número de caras, pero la solución mínima es el tetraedro. En un cerco tridimensional mediante superficies planas no hay una solución menor que esta, pues más allá tenemos una imposibilidad estructural.

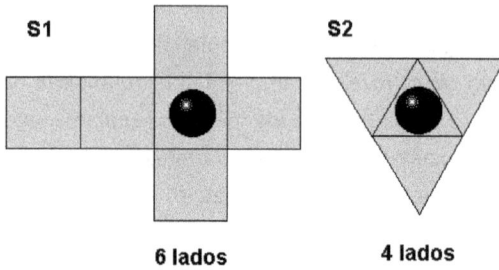

S1   S2

6 lados   **4 lados**

Como hemos visto, el número mínimo necesario de caras planas para cercar bidimensionalmente a la esfera es 3, y tridimensionalmente 4. Por tanto en ambos casos se tienen unas CMFs de 3 y 4 respectivamente.

Ahora veremos como la CMF no es el único límite para las soluciones posibles.

Como ilustración usaremos nuevamente el cerco de la esfera. En la misma encontramos que la CMF lo constituía un cerco de 3 tablas, pero no consideramos el área como un parámetro de la estructura. En la siguiente figura veremos cómo no todas las soluciones estructuralmente iguales, pero paramétricamente distintas, son posibles:

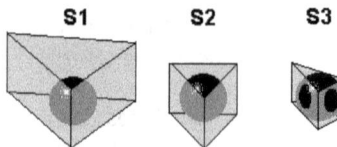

S1   S2   S3

En la primera solución los lados del cerco son grandes y por ello la esfera cabe holgadamente. Se puede por tanto buscar una solución en la que, en aras de la economía, los lados sean lo más pequeños posibles hasta tocar a la esfera, tal es el caso de la solución S2. Sin embargo, una solución aún menor S3 es imposible, pues en dicho caso las paredes tendrían que atravesar la esfera y, como es obvio, ello no puede suceder.

En conclusión, podemos decir que S1 es una solución arbitraria mayor en cuanto al área de los lados, que S2 es la solución paramétrica mínima de las soluciones posibles, y por último S3 es una solución con imposibilidad paramétrica en cuanto a que, el área de sus lados, es inferior al mínimo paramétrico de la CMF.

Ignición funcional

La CMF es también una frontera que delimita la función de la no función. De tal modo que determina cuando en un proceso de desarrollo una estructura que se pretende conseguir sea funcional alcanzara su funcionamiento y cuando un déficit de complejidad por debajo de dicho umbral lo condenará al colapso funcional.

Sabemos, por ejemplo, que en el desarrollo de todo embrión animal hay un momento trascendental cuando su corazón, incipiente pero ya capaz, empieza a latir por primera vez. Tal acontecimiento marca el principio funcional de esta maravillosa bomba de sangre que latirá sin descanso durante muchos años hasta que un día sobrevenga el colapso final y, del mismo modo abrupto en que empezó, termine su actividad funcional dejando de latir.

Del mismo modo que el corazón, otras estructuras funcionales están acotadas por dos fronteras que marcan el principio y fin de su estado funcional. Y tanto en la biología como en las máquinas creadas por el hombre existen dichas fronteras.

Al punto a partir del cual se alcanza la completitud y el contexto funcional necesario para que una estructura empiece a funcionar lo denominaremos; Ignición funcional. El caso contrario lo llamaremos Colapso funcional.

¿Cuándo acontece este especial instante en la construcción de una estructura funcional?

Acontece cuando una estructura funcional, en su proceso de integración, construcción, o embriogénesis, según sea el caso, llega a un punto en el cual, una vez colocado el último de sus componentes, la estructura empieza a funcionar. Antes de dicho instante no habrá funcionamiento. En consecuencia podemos decir que la Ignición Funcional acontecerá cuando se alcance la CMF (la famosa complejidad irreductible). Esto significa que antes de añadir el último componente, no existía aún la complejidad necesaria para que sea funcional y, por lo tanto, antes de dicho punto no existe funcionamiento. En el proceso inverso concurre el Colapso Funcional que acontece cuando se retrocede por debajo de la CMF de una estructura. Este punto, para los seres vivientes, no es otro que la muerte.

Llegados a este punto es necesario analizar el interior de un complejo irreductible para comprender cuales son las propiedades matemáticas que lo hacen "irreductible".

Existen tres propiedades importantes que debemos atender para juzgar los casos de complejidad irreductible:

1. El tipo de asociatividad de sus componentes.

2. La coherencia o capacidad de conectividad con la cual se ensamblan los componentes.

3. La multicontextualidad (la capacidad de conectarse a más de un contexto estructural) de cada uno de ellos.

Tipos de asociatividad

Para no recurrir a definiciones matemáticas engorrosas usaré ejemplos sencillos para explicar estos conceptos. Supongamos que en una habitación tenemos 3 electrodomésticos: un microondas, una cocina eléctrica de 4 hornillas y una tostadora. Todos pueden estar conectados a la red eléctrica, pero no están conectados entre sí ni dependen recíprocamente para funcionar. Si se malogra 1 de ellos los demás funcionan sin inconvenientes. Dado que las funciones de estos artefactos no son dependientes entre sí, sus funciones se relacionan lógicamente por el operador "O" (or). En este caso la complejidad de nuestra concurrencia de artefactos eléctricos podemos cuantificarlo, denotando la letra C mayúscula como la complejidad de cada dispositivo, del siguiente modo:

Cconcurrencia = Cmicroondas + Ccocina + Ctostadora

Ahora bien si le quito a la cocina eléctrica las hornillas (resistencias térmicas) ya no tendré una cocina funcional dado que para que lo sea las hornillas, ya sean estas 4 o 1 según el modelo, deberán estar conectadas a la cocina eléctrica a fin de recibir el suministro de tensión eléctrica que las caliente y así cumplan su función. En este caso una resistencia se asocia a la cocina de modo productivo teniendo una relación lógica Y (and). En este tipo de asociación la cuantificación de la complejidad de la cocina será entonces la siguiente:

Para 1 hornilla:

Ccocina = Cplataforma * Chornilla

Para 4 hornillas:

Ccocina = Cplataforma * (Chornilla1 + Chornilla2 + Chornilla3 + Chornilla4)

Para las cocinas de cuatro hornillas sabemos que existe un caso híbrido ya que la asociación es en parte productiva y en parte asociativa. De este modo si se malogra una hornilla aún puedo cocinar con la cocina eléctrica ya que me quedan 3. Incluso si solo me quedara una hornilla aún puedo cocinar, pero si se malogran las 4 entonces tengo que buscar otra solución. En este caso mi cocina eléctrica colapsa funcionalmente. También colapsaría funcionalmente si las hornillas permanecen bien, pero la plataforma no funciona y por ello no suministra tensión eléctrica a las hornillas. Aquí también colapsará la función. Esta cualidad híbrida de un determinado complejo donde se combinan asociaciones productivas con aditivas es sumamente común tanto en los artefactos creados por el hombre como en los mecanismos biológicos. No solemos trabajar en el límite de una CMF, más bien tenemos márgenes de seguridad mediante redundancias existentes en asociaciones productivo-aditivas. Nosotros, por ejemplo, disponemos de 2 ojos, 2 pulmones, 2 riñones, 2 hemisferios cerebrales, 2 brazos, etc. Esto nos proporciona una redundancia que nos faculta a poder seguir funcionando (aunque no óptimamente) si nos falla cualquiera de los componentes redundantes, pero si nos falla un órgano no redundante como el corazón entonces el colapso funcional, es decir, la muerte acontecerá.

La sencilla matemática de estas expresiones pone en relieve que si un componente asociado productivamente desaparece haciéndose su complejidad igual a cero, entonces el conjunto será también cero y en consecuencia la función deja de existir. Es esto lo que determina que cuando existe complejidad irreductible la desaparición de un componente clave, es decir, asociado productivamente al conjunto, colapse la función. Y también esto explica que para los complejos híbridos existan componentes que por su carácter redundante no colapsen la función con su desaparición.

Hay aún otro tipo de asociación en la cual una acreción es funcional mientras exceda a un umbral. Esto nos llevaría a una Acreción Mínima Funcional del siguiente modo:

Supongamos que una persona que pesa 80 kilos es soportado por 5 cuerdas cuya capacidad límite es de 20 kilos. Mientras tenga las 5 cuerdas tiene cierta redundancia y por lo tanto un pequeño margen de seguridad. Si se rompe una quedará en el umbral y sin margen alguno de seguridad. Pero si se rompe una más, las 3 cuerdas restantes no podrán soportar el peso y también colapsaran.

Esta AMF limitada por un umbral es muy común tanto en las estructuras artificiales como biológicas. Los ingenieros civiles necesitan calcular cual es el umbral de carga de determinada viga o columna y qué márgenes de redundancia o seguridad deben considerar en relación al costo de la estructura. Los médicos también conocen muchos umbrales de distintos indicadores vitales que no deben ser traspasados a fin de que no muera el paciente.

Los mecanismos biológicos disponen pues de estructuras con asociatividad hibrida, es decir, hay componentes asociados productivamente, otros asociados aditivamente y otros asociados aditivamente con umbral de acreción mínima funcional. Esto explica porqué en las acaloradas discusiones sobre si tal sistema bioquímico tiene o no CI se mencionan casos donde la inhabilitación de un componente no colapsa la función. Lo cual, por lo tanto, no inhibe el hecho de que en efecto estos sistemas tengan CI.

Ahora bien, el problema que arroja la CI sobre la factibilidad de la Teoría Sintética y por la cual es profusamente atacada se debe a que altera la visión gradualista de una evolución con incremento de complejidad que asciende a través de una rampa.

El célebre biólogo británico Richard Dawkins define esta visión al afirmar:

La selección natural es un proceso antialeatorio que va construyendo gradualmente la complejidad, paso a paso. El producto final de este efecto cremallera es un ojo, o un corazón, o un cerebro; un dispositivo cuya complejidad es absolutamente desconcertante hasta que divisamos la suave rampa por la que se llega a él.

Richard Dawkins, *La Confrontación Creacionista Evolucionista*

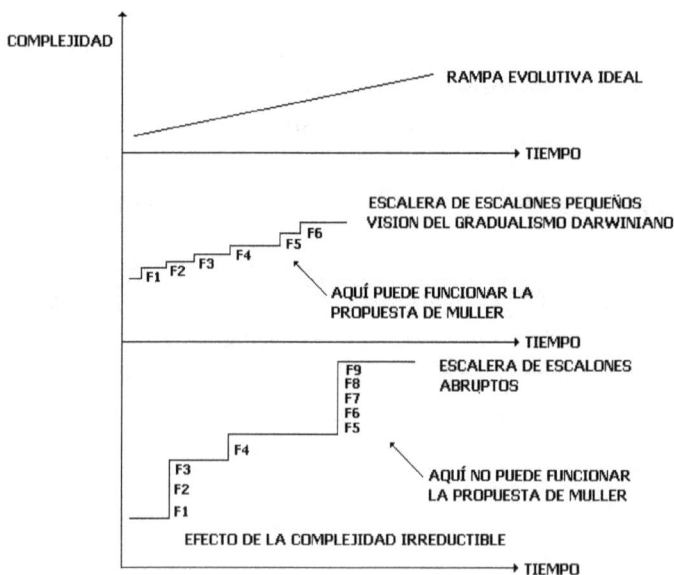

En el gráfico anterior se hace una precisión visual de ambas visiones; la gradualista y la que genera la complejidad irreductible. La parte superior del gráfico ilustra la rampa ideal que alude Dawkins. Dicha rampa en la realidad y para el gradualismo darwiniano no debe ser por supuesto una rampa perfecta, sino más bien una escalera de escalones pequeños cuya altura implica una función novedosa obtenible mediante la adición de un nuevo componente tal como la propuesta de Muller lo prescribe. De lejos podrá verse como una rampa, pero de cerca se pueden reconocer las discontinuidades que representan los pequeños incrementos de complejidad.

Si se diera el caso que en efecto la complejidad biológica pudiera ascender por pequeños escalones que comportan una o pocas funciones. La asociación de los nuevos componentes para un conjunto que resulte funcionalmente favorecido es por supuesto verosímil.

El problema surge cuando reconocemos mecanismos con componentes asociados productivamente con un número mucho mayor de factores funcionales. En este escenario la propuesta de Muller ya no puede funcionar dentro de los mecanismos darwinianos de mutación y selección natural dado que necesitamos, no que un solo componente se asocie como lo demanda Muller en su paso 1 "añadir una parte", sino que muchos componentes necesarios y previamente existentes se asocien simultáneamente para formar una función compleja. Este nivel de CI implicará una altura del escalón tal que haría inabordable el ascenso evolutivo por tan escarpada escalera.

El destacado biólogo y periodista español Javier Sampedro en su libro "Deconstruyendo a Darwin" señala con crudeza esta situación:

> En el año 2002, un equipo de 38 investigadores de la empresa Cellzome – una compañía fundada enteramente por científicos del Laboratorio Europeo de Biología Molecular (EMBL), en Heidelberg (Alemania) – presentó en Nature los resultados de la primera búsqueda sistemática de máquinas multiproteicas. Este equipo dirigido por el italiano Giulio Superti-Furga, analizó de un golpe unos 1400 genes (una

tercera parte del genoma) de la levadura Saccharomyces cerevisiae, el hongo unicelular que los panaderos utilizan para hacer el pan, los cerveceros para hacer cerveza, y los genetistas para hacer la pascua a sus colegas que estudian a otras especies eucariotas muchísimo más lentas y difíciles de manipular, como la mosca o el ser humano. El resultado fue una de las sorpresas científicas de los últimos años: las 1400 proteínas fabricadas por esos 1400 genes no vagan en solitario por la célula, cada una aportando su pequeña cuota de know how a la empresa celular, sino que todas están formando parte de máquinas multiprotéicas. Para ser más exactos, las 1400 proteínas analizadas por el equipo de Heidelberg constituyen 232 máquinas. La máquina más pequeña multiprotéica, está formada por solo 2 proteínas. La más grande por 83. Una máquina media está compuesta por 12 proteínas (no se moleste en dividir 1400 por 232: no da 12, sino 6; veremos la razón dentro de dos párrafos).

¿A qué se dedican estas máquinas? Según el amplio muestreo del equipo de Hieldelberg, la mitad de las máquinas están implicadas en la manipulación y utilización del material genético: transcripción de los genes a ARN y estructura de la cromatina (24%), splicing y metabolismo del ARN (12%) y síntesis y y retirada de proteínas (14%). (Subtotal: 50%). Otro 19% de las máquinas están dedicadas al metabolismo energético. Otro 9% a construir las membranas de la célula. Otro 9% a transmitir señales. Un 6% al ciclo celular que ordena el crecimiento y la división, y un 3% a dotar a la célula de estructura y polaridad. (GAVIN y colaboradores, 2002.)". Énfasis en negrita añadido. (2)

Javier Sampedro, *Deconstruyendo a Darwin*

Con cierta ironía Sampedro señala como la realidad se distancia de la visión del gradualismo darwiniano donde la proteínas "vagan en solitario por la célula, cada una aportando su pequeña cuota de 'know how' a la empresa celular". Por el contrario, las mismas se asocian en máquinas multiprotéicas de entre 2 y 83 proteínas, según el equipo de Cellzone. Para la propuesta de Muller no es pues problema explicar la emergencia de una máquina de 2 proteínas, pero ya se muestra insuficiente para el promedio de 12 proteínas y más aún para números mayores tales como la de 83 proteínas.

Para salvar este problema los críticos de la CI alegan que no es necesaria la concurrencia de cada componente a una sociedad numerosa de factores productivos, sino que ya pueden existir en el medio biológico numerosos precursores menos complejos que al final pueden asociarse entre sí de tal modo que salvan el aparentemente inabordable escalón funcional de la CI.

¿Pueden entonces formarse complejos irreductibles grandes desde la asociación de complejos menores que ya son funcionales en otros contextos?

La propuesta de Muller para el origen de la complejidad biológica considera dos pasos: 1. Añadir una parte y 2. Hacerla necesaria. Vimos cómo la segunda parte no es posible de producirse en un escenario prebiótico. Y también cómo el primer paso resulta insuficiente para explicar la emergencia y aumento de la complejidad biológica una vez esta existe.

Sin embargo, el naturalismo, que pretende que todo tiene que tener una producción natural, no puede claudicar ante estas dificultades y por ello tiene que proponer soluciones posibles a las mismas que salven la capacidad de la naturaleza de producir complejidad biológica.

No es un misterio que las leyes de la física pueden producir complejidad, pero ¿Podemos extrapolar alegremente que dicha complejidad pueda ser una complejidad del carácter cualitativo y cuantitativo de la presente en la biología? De hecho esto se ha hecho desde el siglo XIX y hoy es un dogma muy respetado cuya puesta en duda es furiosamente atacada. Si para los ateístas resulta metafísicamente incuestionable, para los teístas que la aceptan representa un respeto al naturalismo metodológico que no debe transgredirse.

Por ello, desde el naturalismo se ha planteado como solución posible que los complejos irreductibles más grandes proceden de la agregación funcional de otros menores que ya son previamente funcionales y cuyas complejidades son lo suficientemente pequeñas para permitir que una propuesta como la de Muller los pueda construir. De este modo no existirían complejos irreductibles tan altos que no permitieran ser construidos por un grupo de complejos menores.

¿Es esto cierto?

En la química sabemos que los átomos pueden asociarse con otros mediantes enlaces químicos de distinto tipo como los iónicos, covalentes, etc. Estas asociaciones pueden formar de modo natural grandes complejos químicos. No obstante, ningún caso de los mismos puede formar complejidad irreductible. ¿Por qué? La razón de ello es que dicha complejidad, cuyo nombre más apropiado es complejidad mínima funcional, debe cumplir una función, por lo tanto, mientras no exista funcionalidad no existe CI sin importar cuán compleja sea la estructura química.

¿Pero las estructuras biológicas no están acaso hechas por estructuras químicas? Sí en efecto, pero sabemos muy bien que no toda proteína, que es un polímero complejo, sirve para una función biomolecular, incluso no cualquier aminoácido, que es una estructura química mucho más simple, sirve para sintetizar una proteína. Por lo tanto, tenemos que reconocer que existen restricciones funcionales que filtran todos los casos posibles para reconocer a unos pocos que son "funcionales" y pueden formar complejos también funcionales.

Aún así podemos decir que el azar bien podría formarlos con el concurso de energía y mucho tiempo. Algo así como el famoso ejemplo de los monos y las máquinas de escribir que con un tiempo inconmensurablemente grande serían capaces de escribir las obras de Shakespeare.

Sin embargo, hay un fallo esencial en dicha propuesta. La asociación química no se da como la simple concatenación de las letras. Yo puedo "conectar" 2 letras simplemente posicionándolas una junto a la otra, pero en la química existen leyes que gobiernan en qué casos y cómo se pueden unir un grupo de átomos. De este modo un determinado átomo solo se puede combinar con un cierto número de otros átomos. El hidrógeno, por ejemplo, solo se une con otro átomo de un elemento distinto mas no con dos, el oxigeno puede unirse a dos, el nitrógeno a 3 y el carbono a 4, podría pues haber CH_4 pero no CH_5. Esta propiedad de los átomos de poder unirse a otros en un número limitado de formas se denominó "valencia". Sin embargo, hasta aquí, aunque con restricciones aún, este tipo de formula que se llama "empírica" se parece mucho a una concatenación de letras.

Hasta mediados del siglo XIX subsistía un misterio intrigante ¿Cómo era posible que existiesen sustancias químicas que, pese a tener una misma fórmula empírica, tuvieran distintas propiedades químicas? En 1861 Friedrich August Kekulé resolvió este misterio al descubrir que la distribución espacial de los componentes químicos también importaba. De este modo encontró que una sustancia química puede tener los mismos componentes de otra, pero estar ensamblada de modo diferente. A estos casos se los denominó isómeros. Un ejemplo lo constituye el alcohol etílico y el dimetil éter. Estos presentan diferentes propiedades pese a que ambos tienen la formula C_2H_6O. La imagen ilustra cual es su diferencia:

```
    H  H                    H     H
    |  |                    |     |
H - C - C - O - H       H - C - O - C - H
    |  |                    |     |
    H  H                    H     H
```

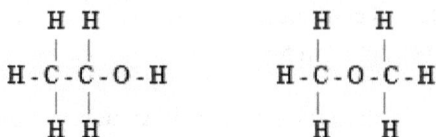

¿Qué nos enseña esto? Nos dice que existe en la química, y en consecuencia también en la biología, formas de conexión más complejas que la simple concatenación. De hecho esto también se produce en los mecanismos de la ingeniería humana aunque por causas diferentes. Por lo tanto, al grado de capacidad que una estructura tiene para conectarse con otra, es decir, de asociarse productivamente con otra, se denomina COHERENCIA.

Imaginemos un rompecabezas. Las piezas pueden conectarse con otras siempre y cuando sean capaces de tener una complementariedad recíproca. Esta complementariedad puede ser de naturaleza eléctrica como en la química o mecánica como es el caso de diversos artefactos de fabricación humana.

Ahora bien una coherencia puede darse entre dos estructuras, pero no ser funcional. Sin embargo, cuando dos estructuras se conectan, y la estructura resultante es funcional, entonces existirá coherencia funcional. Veamos un ejemplo comparativo.

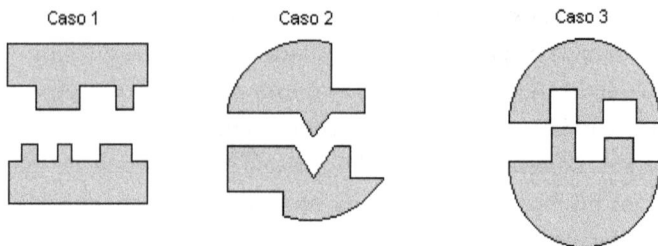

Caso 1	Caso 2	Caso 3

No hay coherencia | Hay coherencia pero no es funcional | Hay coherencia funcional

Tenemos tres casos en los que el funcionamiento consiste en formar un círculo. En el primer caso no hay encaje y por lo tanto no pueden conectarse, no son coherentes. En el segundo caso, si pueden conectarse, pero la estructura producto no es funcional. Por último, en el tercer caso, hay coherencia funcional por cuanto no solo encajan sino que forman un círculo.

Si analizamos el caso 2 podemos preguntarnos ¿Qué impide que añadiendo otras piezas se pueda formar un círculo mayor y cumplir con el objetivo? Hay que reconocer que ello es posible, por tanto, aunque 2 componentes no formen una estructura funcional producto, si pueden en cambio, ser parte del contexto de un mayor número de componentes que juntos si formen una estructura funcional. Los juegos de rompecabezas son un ejemplo bastante claro, algunas piezas son coherentes con unas más no con otras. No obstante, existe un contexto mediante el cual todas están encajadas formando una estructura funcional. Lo mismo sucede con cualquier pieza de una máquina cualquiera, primeramente tiene coherencia con otra pieza a la cual puede conectarse, pero el resultado es, aparentemente, no funcional. Sin embargo, cuando se juzga la misma a la luz del contexto de la máquina en conjunto completamente conectada, si resulta ser coherencia funcional. A esta propiedad se denomina coherencia de contexto y es la característica fundamental de todas las estructuras funcionales.

En la biología hay abundantes ejemplos de coherencia. Los procesos alostéricos son un ejemplo clásico de funcionalidad por coherencia. Se trata de un sistema de regulación que permite a la célula reaccionar activando o inhibiendo la síntesis de una proteína como consecuencia del exceso o déficit de una determinada sustancia en el medio celular. Todos los genes tienen unas zonas de ADN que pueden por lo general estar adyacentes, cerca o incluso lejos del mismo que se llama zonas reguladoras. Estas zonas, como cualquier parte del

ADN, tienen una determinada forma espacial. Dicha forma es el exacto equivalente a la forma espacial de una cerradura, de tal modo que existirá una llave complementaria que por coherencia funcional abrirá la cerradura, que a efectos biológicos implica activar el proceso de transcripción del gen para producir una proteína específica. Lo interesante del caso es que dicha llave es precisamente una proteína con la forma espacial precisa para acoplarse a dicha zona reguladora y, como es lógico, está codificada por otro gen.

Pero estas proteínas aún no pueden acoplarse a las zonas reguladoras porque para resultar realmente útiles estas proteínas deben ser capaces de activar o inhibir el proceso de transcripción de acuerdo a la existencia en la célula de determinadas sustancias llamadas Operadores o también Operones que se unirán a una parte especial de las proteínas reguladoras llamada sitio alostérico. Cuando esto ocurre es cuando la proteína cambia de forma y consigue con esto que una zona de la misma adquiera la forma espacial qué, como el relieve de una llave, le permita acoplarse a la cerradura, es decir, a la zona reguladora del gen.

Regulación positiva

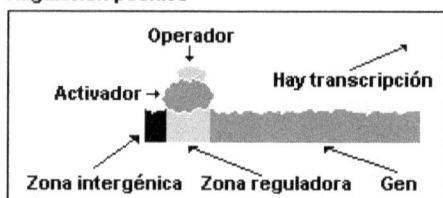

Regulación negativa

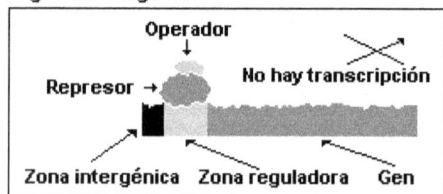

En la figura se explica este proceso y se muestra que existen dos tipos opuestos de proteínas reguladoras; las activadoras que al acoplarse permiten el inicio de la transcripción y las supresoras que al acoplarse hacen exactamente lo contrario inhibiendo la misma.

Todo esto permite que la abundancia de cierta sustancia, nuestro operador, estimule la fabricación de ciertas proteínas por efecto de una regulación positiva en la cual activará las proteínas activadoras. O por el contrario, dicha abundancia puede estimular una regulación negativa en la cual se inhiba la fabricación de determinadas proteínas actuando también dicha sustancia como operador, pero esta vez a los represores del gen. En cualquier caso, cuando, como efecto de la reacción a este proceso, el operador empiece a escasear en el medio celular, entonces los operadores se desprenderán del activador o represor, según sea el caso, deteniendo así el proceso de regulación.

Ahora bien, notemos que la coherencia es en sí misma una restricción dado que cualquier llave no abre la cerradura de una puerta, sino aquella que tiene la restricción funcional, es decir, la coherencia que funciona para abrir la cerradura. Por lo tanto, la coherencia es una restricción que puede ser natural como las valencias atómicas o funcional como las piezas de una máquina.

Con estos ejemplos podemos decir que la coherencia es la capacidad de un átomo, molécula, o artefacto de conectarse con otros e incluso con un conjunto estructural producto que llamamos contexto.

En la naturaleza existen muchos casos que ilustran los distintos tipos de coherencia de acuerdo a cuán fácil se realiza la conexión. Los átomos, como hemos visto, pueden unirse espontáneamente de acuerdo a una coherencia llamada valencia con otros átomos para formar moléculas. En ésta, los átomos son capaces de enlazarse, sea por compartición de electrones o por atracción electrostática de una manera espontánea, por supuesto con el debido concurso de la energía necesaria. En otros casos la unión no esta tan sencilla, pues requiere el concurso de un agente externo que haga las veces de casamentero para unir parejas, a este agente se lo conoce como catalizador y estimulara el apareamiento de ciertos átomos o moléculas con otras, éste es por tanto un caso de coherencia forzada.

Por último, existe un tipo más sofisticado de coherencia, es aquella en la cual el agente externo necesita cumplir un convenio para que la conexión sea realizada. No se trata solo del concurso de energía y su sola presencia, en este caso, el agente externo necesita realizar un convenio de conexión sin cuyo desarrollo la conexión es imposible.

No se trata solo del concurso de energía y su sola presencia, en este caso, el agente externo necesita realizar un convenio de conexión sin cuyo desarrollo la conexión es imposible. La mayor parte de los mecanismos construidos por el ser humano tienen este tipo de conexión por convenio y la verdad es que los organismos biológicos también lo presentan.

Muchos de los componentes biológicos están conectados mediante convenios de conexión especiales. Un convenio de conexión es un método de conectividad entre dos componentes. No se trata de simples acoplamientos. Se requiere energía y agentes externos que catalicen (ayuden a conectar) los mismos mediante un proceso elaborado.

Imaginemos un experimento mental. En una caja coloquemos un envase y su respectiva tapa. Dicha tapa tendrá una rosca en sentido horario, siendo ésta su sencillo convenio de conexión con el envase. De lo que se trata es de proporcionar energía al proceso agitando la caja con los dos elementos en su interior hasta que las mismas se conecten por obra del azar. Ahora como esto requiere de tiempo, mucho tiempo, seamos bondadosos y agitémosla durante unos 20 millones de millones de años. Luego abramos la caja y veamos en su interior que ha pasado. ¿Pudo el azar conectar ambos componentes en esta extraordinaria multitud de tiempo? Cuando abramos la caja encontraremos solo polvo, pero no una conexión. ¿Por qué? Porque la conexión de ambos componentes se producirá solo si se aplica el convenio de conexión, que es girar la tapa en sentido horario sobre la boca del envase. De nada servirán 20 millones de millones de años de agitación. Esto significa que muchas de las conexiones del mundo biológico no se van a dar NUNCA por efecto del azar ni con el concurso de la eternidad ni en todas las burbujas del pretendido multiverso con las más preferentes leyes y constantes físicas. Igualmente en el caso biológico podemos poner en el envase a muchos monómeros y agitarlos juntos sin la presencia de enzimas clave por el mismo tiempo y repetirlo en todos los universos posibles, sin embargo, como en el anterior caso, no los hallaremos unidos jamás.

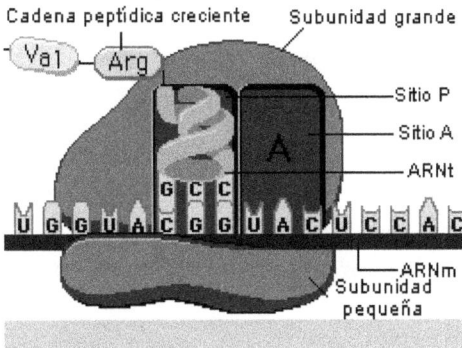

La síntesis de proteínas presenta este tipo de conexión. Ninguna proteína biológicamente funcional nace como el resultado fortuito de una conexión espontánea. Resulta más bien de un elaborado proceso de fabricación en la cual la doble cadena de un gen unida por complementariedad (coherencia funcional) es separada por una enzima llamada polimerasa de ARN creando así, de una de las cadenas, un molde del gen. Dicho molde es una cadena de ARN mensajero (ARNm). Esta cadena ya libre será ahora tratada por un artefacto llamado Ribosoma. Este artefacto recibe la cadena de ARNm y con ella cataliza la unión de cada eslabón con fragmentos de ARN de transferencia (ARNt) dispersos en el medio que sean complementarios con los eslabones del ARNm. De este modo va saliendo del ribosoma una cadena de aminoácidos que luego se plegarán por medio de atracciones electrostáticas en una disposición espacial como la de un ovillo de lana. Así finalmente se terminará de fabricar una proteína.

Como hemos visto, este proceso, que se ha narrado de una manera extraordinariamente simplificada, implica una compleja coordinación de muchos actores en la maquinaria celular. No son pues simples conexiones, ni concatenaciones de letras como las de los monos con sus máquinas de escribir, ni siquiera son conexiones catalizadas, tienen con claridad un convenio de conexión complejo y ello implica que precisan de un plan de fabricación. Y este plan de fabricación es un algoritmo basado en información prescriptiva, no simple información de Shannon.

Sin embargo, aunque hemos visto que la complejidad biológica por efecto de la coherencia no es una simple concatenación de elementos químicos de emergencia fácil, y ni siquiera invocando a una actividad energética azarosa por toda la eternidad. No hemos aún contestado la pregunta:

¿Pueden complejos menores dar lugar a uno mayor?

Pese a todos estos argumentos, la premisa del naturalismo materialista de que la naturaleza puede producir complejidad especificada y funcional, se pretende defender asumiendo que un complejo funcional con complejidad irreductible puede formarse mediante la asociación de precursores menos complejos ya funcionales en otros contextos. Entonces si encontramos en la bioquímica a estos precursores menos complejos y ya funcionales en otros mecanismos biomoleculares, entonces es previsible y plausible que los complejos mayores sean fruto de esta asociación. Basados en esta estrategia se han emprendido múltiples críticas a la complejidad irreductible popularizada por Michael Behe. El sistema de coagulación de la sangre, el cilio y el flagelo, por citar los ejemplos más populares en esta controversia, se consideran formados mediante esta propuesta de modo que, según estos críticos, la CI que alude Behe implican tales mecanismos, no sería real.

Para introducirnos en el análisis de esta propuesta vamos a utilizar la crítica al desafortunado ejemplo de la ratonera propuesto por Behe como ilustración de la CI.

En dicho ejemplo se muestra que no hay forma más simple de conseguir una trampa para cazar a un ratón dado que, si a su complejidad mínima funcional le quitamos tan solo un componente, ya no habrá ninguna capacidad para cazar un ratón. A este ejemplo y al concepto que ilustra, se lo ha refutado mediante el argumento del gradualismo funcional, según el cual, si bien es verdad que los componentes por si solos no pueden funcionar como una ratonera, si son funcionales para otros propósitos, es decir, tienen funcionalidad singular (funciona por sí mismo sin necesidad de estar conectado a otros componentes) o ya han sido usados en otros contextos y, por lo tanto, sí podrían ser fijados por la selección natural para participar en una nueva sociedad estructural.

Estos críticos dicen que la palanquita de la ratonera puede funcionar como clip, el resorte sirve como muelle para cualquier otro uso y así con el resto de los componentes. Dada esta circunstancia, por extrapolación, también organismos más complejos tendrían componentes funcionales fijables por la selección natural. Entonces el argumento de la complejidad irreductible como obstáculo para la evolución darwiniana sería rebatido y todos quedaríamos felices.

Sin embargo, las matemáticas nos mostrarán por qué es desafortunado el ejemplo de la ratonera y si es verdad que dicha refutación realmente funciona.

Para ello debemos introducir un concepto llamado multicontextualidad. Este concepto nos habla de la capacidad de un componente para conectarse a otros contextos o estructuras. Si se diera el caso que un componente tan solo pudiera conectarse a un sólo contexto diremos que es monocontextual y si puede unirse a más de un contexto diremos que es multicontextual. El grado o su capacidad de unirse a un mayor o menor número de contextos está definido por su multicontextualidad.

Si abrimos cualquier artefacto veremos que muchos de sus elementos son multicontextuales. Un tornillo, por ejemplo, puedo usarlo en muchos artefactos aunque no en todos ya que no todos los agujeros roscados tendrán el mismo diámetro y grosor de torque. Una resistencia determinada también puede ser parte de muchos contextos electrónicos aunque no de todos de acuerdo al diseño. Ahora bien, si progresamos en la complejidad del componente notaremos que conforme es más complejo resulta ser menos multicontextual. Si comparo una resistencia con un microprocesador notaremos enseguida que el primero es mucho más multicontextual que el segundo que solo puede ser ensamblado en determinadas placas base que sean coherentes no solo con su conector físico, sino también con su contexto operativo.

Existe desde luego una demostración matemática formal de este principio de proporción inversa entre la complejidad de un elemento y su multicontextualidad, pero lo omitiremos para no recurrir a expresiones matemáticas.

Una forma sencilla forma de ver porque a más complejidad la multicontextualidad disminuye es mediante el siguiente ejemplo.

Tenemos una estructura de 10 números decimales tal como puede ser un display numérico:

(4 5 3 7 2 9 6 1 2 8) =========> (4 5) (3 7 2 9 6 1 2 8)

Si separo dos dígitos del resto tendré dos grupos de números uno de 2 dígitos y otro de 8 dígitos. Resulta evidente que el primero es menos complejo que el segundo dado que existen menos combinaciones posibles del mismo con respecto del segundo. Si el primero tiene $10^2 = 100$ valores posibles, el segundo tiene $10^8 = 100'000,000$ valores posibles. De acuerdo a esto resulta claro que el primero es más multicontextual que el segundo para esta sociedad particular dado que tiene más contextos distintos posibles al cual conectarse a diferencia del segundo que solo puede conectarse con solo 100 contextos para esta sociedad o estructura particular.

Otra forma de entender este concepto de modo más gráfico es mediante la siguiente figura:

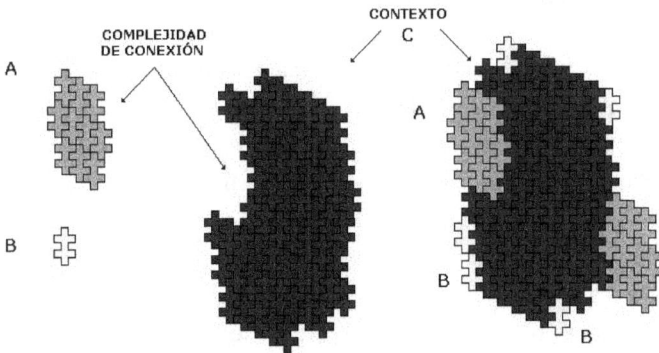

En la misma se presentan 3 grupos de piezas de un rompecabezas. A es un grupo de 10 piezas en color naranja, B de tan solo una pieza en color amarillo y C que tiene 60 piezas en color azul. Se puede observar que B es evidentemente mucho más multicontextual que A ya que si casi cualquier parte del perímetro puede acoplarse con B, pocas partes son coherentes con A.

El hecho que determina que A sean menos multicontextual que B es pues su complejidad de conexión que es a su vez determinada por su propia complejidad. De este modo gráfico se puede entender cómo la multicontextualidad es inversamente proporcional a la complejidad.

El escenario que con denuedo presenta el naturalismo de elementos bioquímicos multicontextuales cuyas funciones se ensamblan para cumplir funciones más complejas sin prescripción alguna que la sola presión adaptativa. No es improbable, sino imposible. Tal como se analizó al principio de este capítulo en el ejemplo del supermercado, los clientes no saben, y aún sabiendo, no pueden prescribirles a los fabricantes cómo fabricar sus productos solo en virtud a su elección de productos en el mercado. Solo pueden indicarles a los fabricantes cuales son las características (parámetros) que determinan un mayor éxito en las ventas y cuáles no. No construyen mayor complejidad funcional porque NO PUEDEN.

De este modo la asociación afortunada de componentes bioquímicos en nuevo contexto desde otros contextos en los cuales ya son funcionales solo nos dice que algunos componentes bioquímicos son reutilizados más de una vez, más no que su sola existencia posibilite que integren contextos funcionales más complejos. Primeramente deben poder conectarse entre sí para formar el nuevo contexto de un modo específico y, como hemos visto, a más complejos menos posibilidades tienen de ser coherentes funcionalmente y por ende de poder conectarse. Si en el ratón de Behe eso parecía plausible en la bioquímica real ello ya no lo es.

Ahora bien, hemos analizado la multicontextualidad, pero aún debemos analizar lo que implica que un componente integre un contexto funcional. Para ello usaremos el siguiente ejemplo. El mismo muestra el caso de un conjunto de componentes con coherencia de contexto en el cual las piezas encajan para formar una T que funciona como carácter alfabético, luego la misma es una estructura funcional.

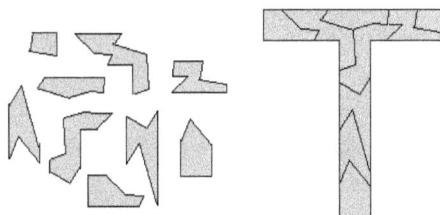

De esto se deduce también la siguiente consecuencia: si se cumple que la estructura es funcional, un componente cualquiera de la estructura tendrá que ser funcionalmente coherente con el resto. Y ello significa que un componente puede ser útil solo en la totalidad del contexto estructural, más no de forma independiente, del mismo modo que un chip microprocesador es solo útil cuanto está conectado a la placa base de un ordenador, **de forma independiente no sirve para nada**, salvo como curiosidad. A este tipo de funcionalidad, que solo funcionan en un contexto y no de forma aislada, la llamaremos **funcionalidad contextual**. Si existe un componente que puede ser funcional por si solo tendrá entonces **funcionalidad singular**.

Estos últimos conceptos podrían pasar desapercibidos como conceptos matemáticos sin importancia. Sin embargo, son cruciales para juzgar que, cuando una estructura cualquiera de nuestro universo refleje funcionalidad contextual, será efectivamente un artefacto, es decir, una estructura funcional que tiene un objetivo, implica un diseño (contexto complejo) y por consecuencia **tiene un diseñador**.

A modo de conclusión, después de haber tratado los conceptos precedentes, cabe establecer que la biología manifiesta indicadores irrefutables de un origen inteligente:

1. Funcionalidad tanto para sí misma como para otros agentes.
2. Complejos funcionales irreductibles.
3. Contenedores de información prescriptiva funcional.
4. Procesadores de información prescriptiva funcional.
5. Componentes con coherencia de contexto.
6. Conexiones por convenio.
7. Algoritmos con iteraciones, invocación de procesos y nodos de decisión para la ejecución de sistemas de desarrollo, reproducción, metabolismo, inmunización y otros.

El naturalismo ha pretendido, desde Darwin hasta los esfuerzos de la Teoría Sintética, demostrar que la vida puede ser parte de la fenomenología natural. Sin embargo, todos estos indicadores son fruto de inteligencia. Ningún proceso o fenómeno natural los posee ni los puede producir, ni siquiera la tecnología humana de obvio origen inteligente ha podido cumplir con todos ellos. La vida, en cambio, sí. Y la misma, como finalmente podemos concluir, no es pues una propiedad de la materia, sino, más bien, una contundente y maravillosa manifestación de diseño inteligente.

Epílogo

El desafío de la teoría del diseño inteligente a la evolución ha demandado la atención de la comunidad científica para evaluar la posición estándar sobre el origen de la vida y su complejidad. Pero en medio de toda la controversia y sobre el reciente diluvio de escépticos que han penetrado la empresa científica, cabe preguntar ¿En realidad qué temen los Darwinistas?

La ciencia supone reconocer que las teorías de nuestro tiempo son solo provisionales. El DI, tanto como la teoría de la evolución, terminarán siendo remplazadas por otras teorías de un nuevo razonamiento. Quizá se encontraran otros métodos más sofisticados para argumentar sobre las mismas dificultades que implican a nuestras preguntas transcendentales, pero aun así nada en la ciencia terminará concluyentemente claro.

Cómo ciencia, creemos que el DI tiene mejor poder explicativo, ¿pero que nos ofrece como cosmovisión? ¿Qué tal el Darwinismo? En las palabras del filósofo Daniel Dennett:

> La "Evolución darwiniana es un 'ácido universal'; se alimenta a través de cada concepto tradicional y deja a su paso una cosmovisión revolucionada."

Efectivamente, la ciencia tendrá muchas implicaciones filosóficas, pero su objetivo nunca debe ser determinado por lo que implique la investigación para nuestras queridas cosmovisiones, sino debe alimentar el apetito para el descubrimiento a fin de absolver nuestras más difíciles interrogantes.

El DI tiene la ventaja de que el diseño evidente en los seres vivos sirve para resolver nuestros problemas comunes, no como médicos, sino como ingenieros biológicos desarmando los módulos de nuestra maquinaría. De esto se trata la ciencia.

Al fin del siglo XXI, ¿Sobrevivirá Charles Darwin frente al DI? No lo creo. Aún, la batalla sigue su fragor pendiente de evidenciar cual cosmovisión logrará mejores resultados, descubrimientos, y nuevas maneras de extraer de la naturaleza sus secretos. La teoría del diseño inteligente tendrá muchos obstáculos aún, pero, si es buena para la ciencia, ¿Que nos limita a utilizar el razonamiento que aporta? ¿Hemos llegado a la cumbre del saber? Para alcanzar la respuesta, la discusión racional está prescrita.

Mario A. Lopez
Presidente - OIACDI

www.ingramcontent.com/pod-product-compliance
Lightning Source LLC
Chambersburg PA
CBHW060547210326
41519CB00014B/3384